DSPラジオの
製作ガイド

簡単ラジオ&PICマイコンを使った
高機能ラジオの作り方

後閑哲也 著

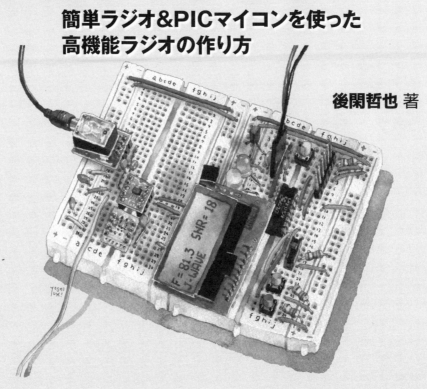

技術評論社

まえがき

　ちょっと前まで、ラジオを作るというと、エナメル線でコイルを巻いて自作し、トランジスタやアンプの IC を使って作ったものの、全く音が出なかったり、発振してピーギャーという音しか出なかったりということで苦労した思い出があります。

　しかし最近のラジオは、わずか 1 個の小さな IC で外付けの部品もわずかで、特に FM ラジオは難関だったコイルもフィルタも全く不要で、抵抗とコンデンサだけでできてしまう世界になっています。これで誰が作ってもまちがいなく動作するようになりました。

　IC の中身はデジタル化されていて、大分部ソフトウェアで構成され、驚くほど高感度となっています。しかも直接聴くことができるステレオの音で出力されますから、これだけでラジオが構成できるようになっています。

　これらのラジオ IC を使うと、単体で動作するラジオも構成できますが、何といっても便利なのが小さなマイコンと組み合わせることで、ラジオ局の選択をボタン一つでできるようにしたり、液晶表示器にラジオ局名や感度を表示したりすることが自分で制御できるようになることです。

　このようなラジオ IC は何社から製品として発売されています。本書ではこれらの中でできるだけ入手しやすいものを選び、それぞれの使い方を実際の製作例で紹介しています。

　マイコンには、筆者のなじみ深い PIC マイコンを使いました。それぞれのプログラムの作り方も詳しく解説しましたので、どなたにも製作を楽しんでいただけるのではないかと思います。

　最近では AM ラジオ局も FM で放送されるようになりましたから、FM ラジオだけで、これまでの AM/FM ラジオとして使うことができます。

　初めてラジオを作ってみたい、ちょっと高級な FM ラジオを製作してみたいという方々に本書がお役に立てば幸いです。

　末筆になりましたが、本書の編集作業で大変お世話になった技術評論社の淡野正好さんに大いに感謝いたします。

2024 年 3 月　　後閑 哲也

目　次

第1章　ラジオのしくみと基礎知識　　9

▶▶ **1-1**　電波の発見からデジタル化まで　　10

1-1-1　電磁波の伝搬の原理 10
1-1-2　無線通信のはじまり 10
1-1-3　無線電話からラジオ放送へ 11
1-1-4　半導体化からデジタル化へ 12

▶▶ **1-2**　放送電波の種類と放送電波のしくみ　　13

1-2-1　電波の種類と特徴 13
1-2-2　AM 放送と FM 放送 13
1-2-3　AM 変調と FM 変調とは 14
1-2-4　ワイド FM（FM 補完放送）とは 15
1-2-5　日本のラジオ放送の電波帯域 15

▶▶ **1-3**　デジタルラジオ工作で必要な知識と部品　　16

1-3-1　基本の部品の知識 16
（1）抵抗器 16
（2）コンデンサ 17
（3）コイル 18

▶▶ **1-4**　ブレッドボードの使い方　　19

・ブレッドボードの内部構造 19
・部品の実装と配線 20
・配線用リード線 20

・変換基板、DIP 化キット **22**

・表面実装タイプの IC の実装方法 **22**

▶▶ **1-5** | デジタルラジオ IC のしくみ | **23**

第**2**章 | 簡単に作れる **AM/FM** ラジオ | **25**

▶▶ **2-1** | 全体構成と機能 | **26**

▶▶ **2-2** | ハードウェアの製作 | **28**

▶▶ **2-3** | 動作確認 | **33**

▶▶ **2-4** | AM ラジオ部を追加する | **34**

▶▶ **2-5** | スピーカアンプ部の追加 | **36**

▶▶ **2-6** | ユニバーサル基板で製作する | **41**

第**3**章 | 放送局名表示 **FM** ラジオの製作 | **43**

▶▶ **3-1** | 全体構成と機能 | **44**

▶▶ **3-2** | ハードウェアの製作 | **46**

3-2-1 主要部品の仕様 **46**

3-2-2　全体回路図と組み立て 47

▶▶ **3-3** ｜ ソフトウェアの製作　**52**

3-3-1　プログラムの全体構成 52
3-3-2　ラジオ IC の使い方 52
3-3-3　液晶表示器の使い方 56
3-3-4　局リストの作成方法 60
3-3-5　コンパイルと書き込みの仕方 61
　（1）局リストの書き換え 61
　（2）コンパイル 62
　（3）書き込み実行 62

第**4**章　**周波数スキャン式 AM/FM ラジオの製作**　65

▶▶ **4-1** ｜ **全体構成と機能**　**66**

▶▶ **4-2** ｜ **ハードウェアの製作**　**68**

▶▶ **4-3** ｜ **ソフトウェアの製作**　**74**

4-3-1　プログラムの全体構成 74
4-3-2　ラジオ IC の使い方 75

第5章 時計機能付き高機能 FM ラジオの製作　81

5-1 | 全体構成と機能　82

5-2 | ハードウェアの製作　84

5-3 | ソフトウェアの製作　91

5-3-1　プログラムの全体構成 91
5-3-2　ラジオ IC の使い方 92
5-3-3　プログラム全体の製作 94
5-3-4　時計機能の追加 97

Appendix 付録　103

付録 A | ラジオ IC のはんだ付け方法　104

手順 1　位置合わせ 104
手順 2　仮固定 105
手順 3　はんだづけ 105
手順 4　はんだの除去 106
手順 5　洗浄とチェック 106
手順 6　ヘッダピンを付けて完成 107

付録 B | プログラムの書き込み方　108

① MPLAB X IDE のダウンロードとインストール 108
② 技術評論社のサポートサイトから、
　　本書のプログラムをダウンロードします。 109
③ MPLAB X IPE を起動し図 B.3 のように設定します。 110
④ Hex ファイルを選択します。 111

▶▶ 付録 C ｜ PIC16F18326 の概要　　　　　　　　　　　　113

(1) 全体構成 113

(2) Timer0 の内部構成と動作 113

(3) Timer1 の内部構成と動作 114

(4) I²C モジュールの内部構成 115

(5) EEPROM メモリ 115

参考文献 117

部品の入手先 118

索引 119

第 1 章

ラジオのしくみと基礎知識

電波の伝わり方から、ラジオの歴史、製作に使う部品の知識、さらには最新のデジタルラジオのしくみまで一気に解説します。

1-1 電波の発見からデジタル化まで

参考

・ハインリッヒ・ルド
ルフ・ヘルツ
Heinrich Rudolf
Hertz
(1857-1894)
ドイツの物理学者
で、「ヘルツ」は周波
数の単位に使われてい
る。

マクスウェルの電磁波の存在の予言から20年以上経った1888年、ドイツの物理学者ハインリッヒ・ルドルフ・ヘルツが「ヘルツの実験」によって電磁波つまり電波の存在と空中伝搬が実験的に証明されました。

ヘルツの電磁波の発見の最大の成果は無線通信で、その後のラジオ放送や無線電話へと発展します。このヘルツの業績から、周波数の単位がヘルツ（Hz）と定められました。

1-1-1 電磁波の伝搬の原理

ところで電磁波つまり電波はどうやって空間を伝わっていくのでしょうか。これは図1.1.1で説明されます。導線に交流の電流が流れるとアンペールの法則により変化する磁界が導線の周囲に連続的に発生します。この変化する磁界によりその先に変化する電界が発生します。この変化する電界によりその先に変化する磁界が発生します。これがさらに電界を発生するという具合に空間に電磁波が伝搬されていきます。

この先に何らかの導線（アンテナ）があると、その導線に磁界により電流が生成されます。これが電波の受信ということになります。私たちの日常では、常に無数の電磁波が飛び交っていることになります。

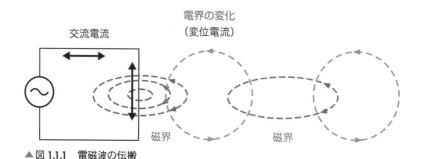

▲図 1.1.1　電磁波の伝搬

1-1-2 無線通信のはじまり

参考

・グリエルモ・マル
コーニ
Guglielmo Marconi
(1874-1937)
イタリアの無線研究
家、発明家。

1888年ヘルツにより電波の存在が証明されたあと、多くの人によって電磁波を無線電信に使う試みが実施されました。1895年にはグリエルモ・マルコーニがヘルツの送信機にアンテナとアースを付けて2.5kmの無線電信に成功しています。

さらにマルコーニは1901年には、大西洋を横断する3,400kmの無線通信に

成功しています。このときの送信機の電圧は150kVというとんでもなく高い電圧で、蒸気機関による交流発電機を専用に用意して電力を供給するという大規模なものでした。アンテナも数10mという高さの大規模なものとなっています。このときの電波の周波数は数100kHzという説がありますが定かではないようです。

用語解説

・Hz（ヘルツ）
　周波数の単位。

マルコーニは1902年には受信機を改良してコイルをいくつも組み合わせることによって、特定の周波数を選択して受信できるようにしたものを開発しました。これで受信機の性能を飛躍的に向上させることができ、1913年になって真空管式の受信機が開発されるまで使われました。こうして無線電信が実用化され特に船舶との連絡手段として多く使われていきました。1912年のタイタニック号の遭難の際には、この無線電信により遭難の連絡と救助活動の連絡が行われました。

▶▶ 1-1-3 ｜ 無線電話からラジオ放送へ

参考

・フェッセンデン
Reginald Aubrey
Fessenden
（1866-1932）
カナダの発明家。
・ボース
Jgadish Chandra
Bose（1858-1937）
インドの科学者（物理学者）。

用語解説

・鉱石検波器
　半導体の性質を持った鉱石に金属針を接触させたもので整流作用がある、点接触ダイオードの原型。

参考

・鳥潟右一
（1883-1923）
　電気工学者。通信工学の権威。TYK式無線電話機の発明。

・アームストロング
Edwin Howard
Armstrong
（1890-1954）
　アメリカの電気工学の研究者で発明家。周波数変調方式（FM）を発明。

無線電信と並行して音声を無線で送る無線電話も研究が活発に行われていて、1900年にフェッセンデンが電信用送信機の電鍵の代わりに電話機の送話器を接続して音声を送信することに成功しています。1901年にはボースによって方鉛鉱（ほうえんこう）を使った「鉱石検波器」が発明され、安価で高感度の受信機を製作できたことから無線の実験をする人、つまりアマチュア無線家がたくさん出現しました。ほぼ同時期に日本でも鳥潟右一（とりかたういち）が鉱石検波器を発明していて日本でもアマチュア無線家がたくさん出現しました。

1906年のクリスマスイブにフェッセンデンがクリスマスソングを50kHzで500Wの高周波発電機で送信し、それを多くのアマチュア無線家が鉱石ラジオで受信しています。これが最初のラジオ放送とされています。

さらに真空管の発明により、高感度な無線受信機が発明されました。アームストロングが1912年に再生式の受信機を、1917年にはスーパーヘテロダイン方式の受信機を発明しています。

受信機と並行して送信にも真空管が使えることがわかり、1909年ごろには無線送信器も発明されています。このころからアマチュア無線家による無線放送が盛んに行われるようになり、1920年には最初の商業用ラジオ放送局KDKAにより世界初の公共放送がアメリカで行われています。その初の放送内容は、アメリカ大統領選挙の開票結果でハーディング大統領の当選を伝えています。いつの時代も先進的なアマチュアが大きなチャレンジをしています。

1925年（大正14年）には、日本で初めてのラジオ放送が社団法人東京放送局（現NHK）によって開始されました。本放送開始時にはウェスタン・エレクトリック社の1kWの真空管による送信機が使われ、受信機は当初は鉱石検波器を使った低感度のラジオ受信機でしたが、やがて真空管を使った高感度のラジオ受信機となっていきます。

▶▶ 1-1-4 │ 半導体化からデジタル化へ

1951年に接合型トランジスタが発明されると、真空管は瞬く間にトランジスタに置き換えられていきました。1955年には東京通信工業（現ソニー）によりトランジスタラジオが発売されています。1960年代には真空管ラジオはほぼトランジスタラジオに駆逐されてしまいました。

さらに2000年台に入ってソフトウェア無線（SDR：Software Defined Radio）という技術が発明され、無線機が一気にデジタル化されました。

ソフトウェア無線の技術は、従来の無線機のほとんどの機能をソフトウェアで実現できます。したがって、同じハードウェアでソフトウェアを書き換えるだけでいろいろな周波数や方式の電波を送受信できるようになります。この技術は最近ではLTE、5Gを代表とする高度なデジタル無線通信装置や、地デジの送信、受信機には欠かせないものとなっています。この技術はマイコンを初めとする半導体技術の進化により、半導体の信号処理速度が高速化されたことで、電波の周波数を直接ソフトウェア処理で扱えるようになったことが最大の特徴です。

これらの技術の進化によって誕生したのが本書で使う「デジタルラジオIC」です。

・ソフトウェア無線
　フィルタや変換、検波などをソフトウェアで実現する無線機を開発する技術。

・LTE(エルティーイー)
　LTE:Long Term Evolution の略で携帯電話用の通信規格第4世代（4G）とも呼ばれる（LTEの登場時は3.9Gと呼ばれていた）。

・5G（ファイブジー）
　第5世代移動通信システム。

　本書ではラジオIC、DSPラジオICと呼ぶことにします。

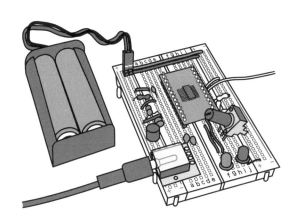

1-2 放送電波の種類と放送電波のしくみ

▶▶ 1-2-1 電波の種類と特徴

　現在日本で主に使われている電波の種類は、電波法により周波数で分類されていて、図1.2.1のような種類と特徴になっています。この中で、本書で扱うのはAM放送として使われている**中波**と、FM放送で使われている**超短波**です。

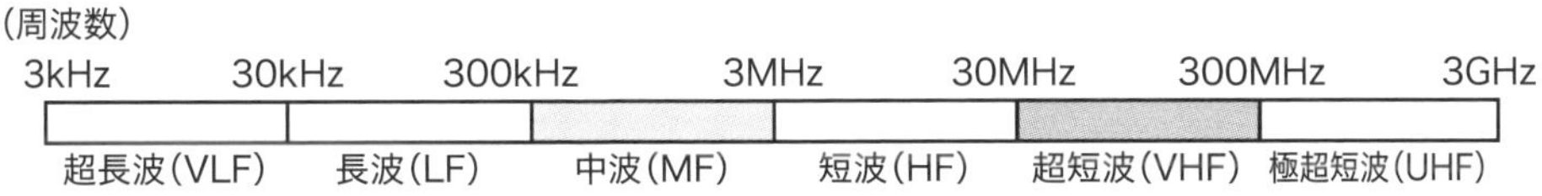

(周波数)

3kHz	30kHz	300kHz	3MHz	30MHz	300MHz	3GHz
超長波（VLF）	長波（LF）	中波（MF）	短波（HF）	超短波（VHF）	極超短波（UHF）	

種類	特徴	主な用途
超長波（VLF）	地表面に沿って伝わり低い山を越える。水中でも伝わる。	海底探査
長波（LF）	非常に遠くまで伝わる。大規模なアンテナと送信設備が必要。	昔、電信用 船舶、航行用ビーコン、電波時計、標準周波数局
中波（MF）	電離層に反射する。電波の伝わり方が安定。送信機は大規模だが受信機は簡単。	**AMラジオ放送**
短波（HF）	電離層に反射で地球の裏側まで届く。	遠洋船舶、国際線航空機、国際放送 アマチュア無線
超短波（VHF）	直進性、電離層で反射しにくい。山や建物の陰にも回り込む。	**FMラジオ放送**、業務用移動通信
極超短波（UHF）	直進性が強い、情報伝送量が多い。アンテナが小型	携帯電話、業務用無線、地上デジタルTV 電子タグ、電子レンジ、空港監視レーダー

▲ 図 1.2.1　日本の電波の種類と特徴（「総務省・電波利用ホームページ」をもとに作成）

▶▶ 1-2-2 AM放送とFM放送

参考

・**AM放送**
Amplitude Modulation
（振幅変調）
・**FM放送**
Frequency Modulation
（周波数変調）

　本書で受信機として製作するAM放送とFM放送の差異と特徴は**表1.2.1**となっています。
　これによると、FM放送の方が、音質がよくステレオ受信もできることになりますが、近い放送局しか受信できないということになります。

▼表 1.2.1　AM 放送と FM 放送の差異

項目	AM 放送	FM 放送
周波数	中波（MF）	超短波（VHF）
到達範囲	広い（海外にも到達）	数 10km ～ 100km
変調方式	AM（振幅変調）	FM（周波数変調）
音声帯域	100Hz ～ 7.5kHz	50Hz ～ 15kHz　ステレオ
回路構成（従来）	単純	やや複雑
回路構成（DSP）	同じ回路構成で可能、アンテナだけ異なる	
電気雑音の混信	電波強弱によらず雑音として出力される	放送波が強い場合には雑音は出力されない

▶ 1-2-3 ┃ AM 変調と FM 変調とは

用語解説

・**変調方式**
　データの伝送時に最適な電気信号に変換すること。デジタル変調方式、アナログ変調方式、パルス変調方式などに分類される。

・**搬送波**
　情報（音声、映像など）を伝送するために使用する電波や光などの基本的な波のこと。

　AM ラジオと FM ラジオはその名前についているように電波の変調方式が異なります。それぞれの差異は**図 1.2.2** のようになっています。

　図のように AM 変調は搬送波となる電波の強弱（振幅）を音声で可変する方式です。電波の変動や雑音などの混信の影響でノイズが多くなるのと、高い周波数の音で振幅を可変するのが苦手なため音域が狭くなるため、FM 放送より低音質となります。

　これに対し FM 放送は搬送波の周波数を音声で可変する方式です。電波の振幅は常に一定であるため、増幅しやすく、混信によるノイズも避けることができます。さらに広帯域の音声で周波数を可変することができるため、高音質な放送となります。

AM放送とFM放送の電波波形

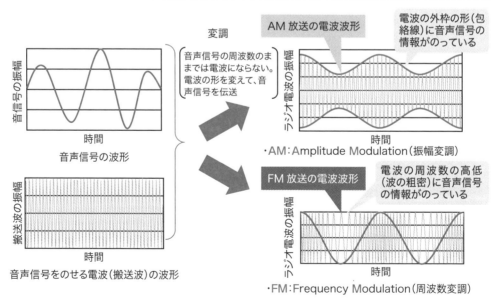

▲ 図 1.2.2　AM 変調と FM 変調

（出典「AM ラジオ放送の FM 補完中継局に関する資料：総務省情報流通行政局地上放送課」）

1-2-4 ワイド FM（FM 補完放送）とは

 参考

・AM 放送の送信所
河川や海の近くの
平野部（広い敷地が
必要）に設置されてい
ることが多いようです。

ラジオは、災害時の情報収集の手段としてとても有効かつ有用です。ですが、AM放送は、災害時の状況により、ノイズ（雑音）の影響によって放送の内容を聞き取れなかったり、送信所が河川や海の近くの平地に設置されているため、地震、水害（河川の氾濫や津波）の影響を受けて情報を送信することができなかったりすることがありえます。

 アドバイス

ワイドFMを受信するには、90.0〜94.9MHzに対応したラジオが必要です。
・ワイド FM 対応ラジオ
受信周波数（FM）
76 〜 108MHz（76
〜 95MHz）

そこで、ワイドFM（FM補完放送）が注目されています。AM放送局の放送区域において、難聴（ラジオが入りにくい、混信）対策や、災害（送信所が災害にあって送信不能）対策のために情報が入らなくなるのを防ぐための放送で、デジタル放送に移行した際に使用しなくなった周波数帯域の一部（90.0〜94.9MHz）を使用し、AM放送の番組を放送します。

FM放送の送信所は、AM放送のような広大な平地に設置する必要はありません。高い場所、例えば山頂や鉄塔（例：東京スカイツリー）、高台などに設置します。なので、海岸部の津波、河川の氾濫などの影響を受けにくく、災害時のときに送信ができなくなるというトラブルを回避または軽減することができます（被害を受けにくいというメリットがあります）。

1-2-5 日本のラジオ放送の電波帯域

 参照

第 4 章：周波数ス
キャン式 AM/FM ラジ
オの製作。

電波法令により定められている日本のラジオ放送の電波帯域は表1.2.2のようになっています。セパレーションとは、放送局の間のチャネル間隔です。

このセパレーション単位で周波数をスキャンすれば確実に放送局を探すことができます。

▼表 1.2.2　日本のラジオの電波周波数帯域

種類	電波帯域	セパレーション	
AM 放送	526.5 〜 1606.5kHz	9kHz	
FM 放送	76 〜 90MHz	100kHz	従来
	76 〜 95MHz	100kHz	ワイド FM 対応

1-3 デジタルラジオ工作で必要な知識と部品

　一般的な電子工作を始めるには、非常に幅広い知識と、多種類の部品の知識が必要になります。デジタルラジオ工作も電子工作です。しかし、デジタルラジオ工作に限定すれば、ある程度限られた範囲の知識で何とかなります。本章では、これらの知識の代表的なものを解説していきます。

▶ 1-3-1 　基本の部品の知識

　電子工作で最も基本となる部品は、R、C、Lと呼ばれるもので、抵抗器（R）、コンデンサ（C）、コイル（L）の3つとなります。これらの3つは、自身だけでは特別な機能を果たさず他の部品と共同で機能をはたすため「受動部品」と呼ばれています。

参考
　トランジスタやICなど単独で機能を果たすことができる部品を能動部品と呼びます。

参考
・**オームの法則**
　電圧＝電流×抵抗値

アドバイス
　電源という高い方の電圧に接続するのでプルアップです。GNDに接続する側をプルダウンと呼びます。

アドバイス
　新JISでは以下のように表します。

用語解説
・**電力容量**
　抵抗に電流を流すと発熱する、その発熱の許容量を表す。

(1) 抵抗器

　一般的な抵抗器の役割は、電流を制限したり、電圧を分圧したりすることです。有名な**オームの法則**を使って値を求めます。デジタルラジオで使う抵抗器の役割は、これら基本の役割以外に、多くの抵抗が**プルアップ抵抗**と呼ばれる役割で、電源電圧を加えるだけで、流れる電流は少なめであればよいという役割であるため、抵抗値は数kΩから数10kΩとかなり広い範囲の抵抗値から選択できます。

　回路図での表現は**表1.3.1**のような図で表します。

▼表 1.3.1　抵抗器の回路図記号

回路図記号	略号	単位記号	機 能
R1 〜〜〜 10k	R	mΩ Ω kΩ MΩ	電圧、電流の制御。 用途によって多種類あり。 直流から高周波まで使用可能。 小電力用から大電力用まである。

　抵抗器には使う目的に合わせた非常に多くの種類があり、また電力容量により多くの大きさの種類もありますが、本書ではすべて**写真1.3.1**のような炭素被膜抵抗（カーボン抵抗）で、1/4Wタイプを使います。抵抗値はカラーコードで表されていて、**図1.3.1**のように読み取ります。

参考

炭素被膜抵抗（カーボン抵抗）は、セラミックの筒に炭素系の被膜を高温で析出させた後、溝を切って目的の抵抗値に調整したもので、電子工作ではよく使われます。

 アドバイス

カラーコードの順番を忘れてしまった。

こういうとき、マルチテスタがあると便利です。マルチテスタで抵抗値を測定することができます。

 参考

抵抗器に極性はありません。よってどの向きで実装してもかまいません。

▲写真 1.3.1　炭素皮膜抵抗

色	各桁数値	乗数	公称誤差
黒	0	10の0乗	–
茶	1	10の1乗	±1%（F）
赤	2	10の2乗	±2%（G）
橙	3	10の3乗	–
黄	4	10の4乗	–
緑	5	10の5乗	±0.5%（D）
青	6	10の6乗	–
紫	7	10の7乗	–
灰	8	10の8乗	–
白	9	10の9乗	–
金			±5%（J）
銀			±10%（K）
なし			±20%（M）

▲図 1.3.1　カラーコード

(2) コンデンサ

コンデンサは、一般的には、直流では電気を貯める働きを、交流では周波数により抵抗値の変わる「抵抗」（この場合の抵抗を**リアクタンス**と呼ぶ）として機能します。

デジタルラジオでのコンデンサの役割の多くが、バイパスコンデンサと呼ばれる電源の安定化用で、$0.1\mu F$から数μFの間であれば問題ないものとなります。

また製作例ではスピーカアンプを追加しますが、この場合には、直流を遮断して交流だけ通過させるという役割で使います。

コンデンサにはいくつかの種類がありますが、回路図で表現するときには**表1.3.2**の3通りが多く使われています。またコンデンサの容量は本体に数値で記述されているのでわかりやすくなっています。

 参考

・F（ファラド）

静電容量の単位。
pF（ピコファラド）
μF（マイクロファラド）

 参考

102（10 × 10 の 2乗 pF、0.001uF）
224（22 × 10 の 4乗 pF、0.22uF）

 注意

電解コンデンサには極性がありますので、＋、－の向きに注意して実装します。

リード線の長い方が＋極。

 アドバイス

セラミックコンデンサ、積層セラミックコンデンサには極性はありません。

▼表 1.3.2　コンデンサの回路図記号

回路図記号	略号	単位記号	機　能
C7 ⊣⊢ 22pF	**C**	pF	小型の同調回路用で容量が小さい。セラミックコンデンサが多く使われている。
C1 ⊣⊢ 0.1	**C**	μF だが省略される	高周波バイパス用。積層セラミックコンデンサが多く使われている。容量は 0.1、0.02 など少数点つきで表現される。
C9 ⊣⊦＋ 47μF	**C**	μF　V	低周波バイパス、直流遮断用。電解コンデンサが多く使われる。極性と耐電圧が有り、耐電圧を容量値と一緒に併記することも多い。

17

それぞれのコンデンサの外観は**写真1.3.2**のようになっています。

(1) セラミックコンデンサ　**(2) 積層セラミックコンデンサ**　**(3) 電解コンデンサ**

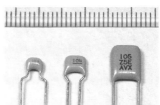

▲写真 1.3.2　各コンデンサの外観

(3) コイル

参考

バーアンテナは AM
放送用、FM 放送で
はロッドアンテナ（棒
状のアンテナ）を利用
します。

参照

・バーアンテナ
　写真 1.3.3 参照

本書のデジタルラジオで使う**コイル**は、AMラジオ受信用のバーアンテナだけです。

コイルは銅線をぐるぐる巻いたものです。**インダクタンス**という単位で大きさを表します。小さなインダクタンスのコイルは空芯で銅線を巻くだけでもできますが、多くはそれではできない大きさのインダクタンスなので、ケイ素鋼板やフェライトなどの磁性体に銅線を巻いて作ります。

コイルの回路図に使われる記号は**表1.3.3**となります。

▼表 1.3.3　コイルの回路図記号と機能

回路図記号	略号	単位記号	機　能
RFC2 —〰〰— 10μH	**RFC、L**	μH	高周波に対して抵抗の働きをし、高周波を減衰させるのに使う高周波用フィルタ。 高周波同調用として一定の周波数を取り出すために、コンデンサを組み合わせて使う。

用語解説

・バリアブルコンデンサ
　バリコンとも呼ばれる。昔のラジオのダイアルに接続されている可変容量器。

用語解説

・コア
　フェライトなどの磁性体でできた棒状のもの。

本書で使う同調用コイルは、通常は**バリアブルコンデンサ**と呼ばれる可変容量のコンデンサと組みわせて特定の周波数に「同調」させて取り出すために使います。しかし、本書で使うデジタルラジオでは、バリアブルコンデンサは不要で、ソフトウェアにより指定された周波数に同調するようになっています。

AMラジオ用によく使われるのは、受信感度をよくするために**写真1.3.3**のように大型のコアに巻き線をしたものが使われます。

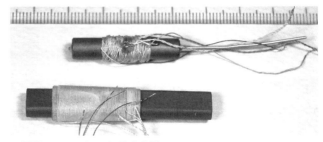

▲写真 1.3.3　バーアンテナの例

1-4 ブレッドボードの使い方

用語解説

・**ブレッドボード**
breadboard。電子回路の試作実験用のはんだ付け不要の基板。
Solderless Breadboard ともいう。

参照

写真1.4.1参照

参考

本書の2章〜4章で使用するブレッドボード EIC-801 のサイズ（84mm × 54mm）は、一般的な名刺のサイズ（91mm × 55mm）とほぼ同じくらいのサイズです。

本書でははんだ付け作業を少なくするため、ブレッドボードを使いました。

最近、実験でちょっと試してみたいというような場合にブレッドボードと呼ばれるものがよく使われるようになってきました。これに合わせて、これまでの電子部品をブレッドボードに実装しやすいようにするための変換基板が用意されたりして、より一層ブレッドボードが使いやすくなってきています。ここではこのブレッドボードに電子回路を組み立てる方法を説明します。

現在市販されていて入手しやすい代表的なブレッドボードには**表1.4.1**のようなものがあります。これ以外にも互換品を含め多くの製品が販売されていて種類は多くなっています。

▼表 1.4.1　ブレッドボードの種類

型番	ボードサイズ	穴数	電源系統	備考
EIC-801	84 × 54 × 8.5	400	青×2、赤×2	5穴
EIC-3901	81 × 51 × 8.5	360	青×1、赤×1	6穴
EIC-803	145 × 85 × 8.5	1100	青×4、赤×4	鉄板プレート付き プレートの寸法は 含まない 線材付
EIC-102BJ	165 × 54 × 8.5	830	青×2、赤×2	
EIC-104-3	165 × 80 × 8.5	1360	青×1、赤×1	
EIC-106J	165 × 175 × 8.5	1390	青×4、赤×4	
EIC-806	145 × 170 × 8.5	2200	青×8、赤×8	
EIC-108J	185 × 195 × 8.5	3220	青×5、赤×5	

■ブレッドボードの内部構造

ブレッドボードの内部構造は、例えばEIC-801のブレッドボードは**写真1.4.1**のようになっています。中央の縦溝を境に穴が左右5個ずつ30列並んでいます。その5個ずつの1列が内部で金属端子により接続されています。さらに左右両端の縦2列は、列ごとにすべて接続された状態になっていて、赤と青の線で色分けされています。通常はこの**赤線の列を電源のプラス側**に、**青線の列を電源のマイナス側つまりグランド側**として使います。

参考

・**赤い線：＋**
（縦列すべて接続されています。電源のプラス側として使用します）

・**青い線：−**
（縦列すべて接続されています。グランド側として使用します）

参考

ブレッドボード「EIC-801」も使用できます。

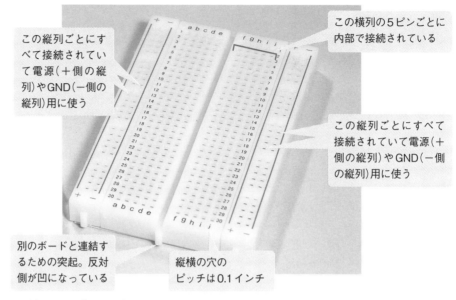

この縦列ごとにすべて接続されていて電源（＋側の縦列）やGND（－側の縦列）用に使う

この横列の5ピンごとに内部で接続されている

この縦列ごとにすべて接続されていて電源（＋側の縦列）やGND（－側の縦列）用に使う

別のボードと連結するための突起。反対側が凹になっている

縦横の穴のピッチは0.1インチ

▲ 写真 1.4.1　ブレッドボードの外観

・DIP 型
　Dual In-Line Package の略で、0.1 インチピッチで足が 2 列に平行に出ている IC パッケージのこと。

　中央の溝は内部配線が切れていて、どこにも繋がっていません。
　この溝をまたぐように IC を配置します。

　配線用リード線は、ブレッドボード・ジャンパーワイヤのうち、長いものを切断して適当な長さのものを新規に作成して使います。
　また、抵抗器やコンデンサのリード線の切れ端を利用してもよいでしょう。

■部品の実装と配線

　ブレッドボードに部品を実装し配線する場合には、**写真1.4.2**のようにします。
　DIP型のICは**写真1.4.2(a)** のように**中央の溝**をまたぐように**配置**します。これでICのピンごとに4つの穴が接続可能な状態になります。本書で使うラジオICも**変換基板に実装したものを、これと同じように溝をまたぐように配置**します。
　抵抗やコンデンサなどの部品は、**写真1.4.2(b)**のように穴の間隔に合わせてリード線を直角に折り曲げ1cm程度の長さで切断します。リード線を長いままにしておくと隣接した部品と接触したりしてトラブルのもとになります。

■配線用リード線

　配線用リード線はあらかじめ**写真1.4.2(b)** の下側の写真のように、穴の間隔に合わせて折り曲げてあるものが何種類か用意されているのですが、ブレッドボードの両端の青ラインと赤ラインの穴に接続する場合の配線には、ぴったり合うものがないので、使うことがない長いものを切断して適当な長さのものを新規に作成して使います。
　挿入する場合には手でもよいのですが、狭くなるとやりにくくなるので、ラジオペンチかピンセットを使います。

(a) IC の実装　　　　　　　　　　　　　　(b) 抵抗、コンデンサと配線用線材

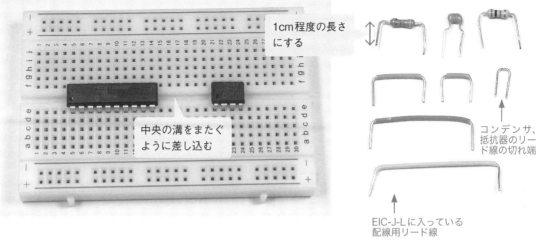

1cm程度の長さにする

中央の溝をまたぐように差し込む

コンデンサ、抵抗器のリード線の切れ端

EIC-J-L に入っている配線用リード線

▲写真 1.4.2　ブレッドボードの使い方

参考

・EIC-J-L
ブレッドボード・ジャンパーワイヤ（秋月電子通商）

　　　配線用リード線には、**写真1.4.3**のような各種長さを用意したセット（型番 EIC-J-L）が販売されていますので、これを使うと便利です。このセットには緑と黄色の長いものがあるのですが、これを使うことはまずありませんので、使いやすい長さに切断して短いものを増やした方が使い勝手がよくなります。

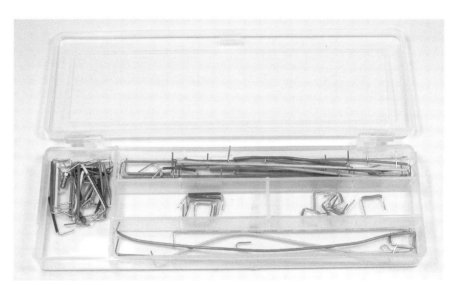

▲写真 1.4.3　線材セット（EIC-J-L）

■変換基板、DIP化キット

　最近では、電子部品でブレッドボードに実装しにくいものを、実装しやすくするための**変換基板**が市販されています。

　DIP化キットというような名称で**写真1.4.4**のようなものが市販されていますので、これらを使うとさらに便利になります。この実装にははんだ付けが必要ですが、わずかのピンのはんだづけだけですから何とかなるでしょう。

アドバイス

　DIP化キットは、ブレッドボードやユニバーサル基板に実装しやすくするための変換基板がキットとして付いているので便利です。

　例えば写真1.4.4左のDC電源ジャックのDIP化キットは、DCジャック、変換基板、ピンヘッダがセットになっています。

DC電源ジャック　　２連の可変抵抗

ステレオジャック

▲写真 1.4.4　DIP化キットの例

■表面実装タイプのICの実装方法

　さらにTSOPやSSOPという**表面実装タイプ**のパッケージのICの場合にも、**写真1.4.5**のように変換基板が用意されていますのでこれを使ってDIP型に変換して使います。このICのはんだ付けはテクニックが必要になりますが、付録の章を参照してください。あるいはすでに実装した状態のものも販売されていますので、こちらを使えばはんだ付けが必要なくなります。

用語解説

・TSOP
Thin Small Outline Package
・SSOP
Shrink Small Outline Package

参照

　表面実装型のICのはんだ付けは「付録A：ラジオICのはんだ付け方法」を参照してください。

▲写真 1.4.5　表面実装型ICの実装方法

1-5 デジタルラジオ IC のしくみ

デジタルラジオでは、DSPラジオICが使われます。このDSPとは、Digital Signal Processingのことで、信号、ここでは電波をソフトウェアでデジタル処理するということになります。

例えばDSPラジオIC「KT0913」の内部構成は、図1.5.1のようになっています。

> 📖 用語解説 ▶
>
> ・DSP
> Digital Signal Processor
> 高周波のアナログ信号を処理できる専用のプロセッサ。音声、オーディオ、映像データ、温度、加速度などを解析し、算術演算処理を高速に行うことができる。
> またこれらの処理を実行するプロセッサのことも DSP と呼ぶ。
> ・KT0913
> KTMicro 社のデジタル AM/FM レシーバー（ワイド FM にも対応）。

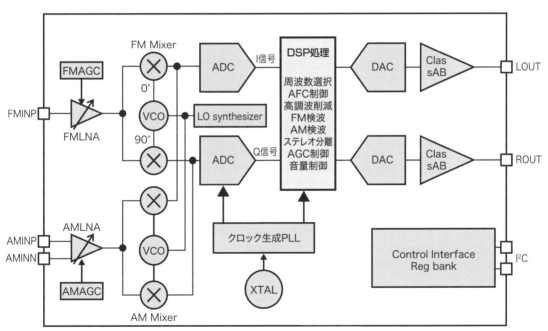

▲ 図 1.5.1　DSP ラジオ IC（KT0913）の内部構成（KT0913 のデータシートより）

この内部の動作は次のようになります。

・LNA
Low Noise Amplifier

まず、アンテナで受信される電波信号を、低雑音アンプ（FMLNA、AMLNA）で増幅します。ここではAM、FMごとにすべての電波を受けて増幅しています。増幅する際、強い電波と弱い電波がありますから、選択された電波の出力オーディオ信号のレベルが丁度適当な大きさになるようにDSPから増幅ゲインを調整制御します（AGC：Auto Gain Controlと呼ばれる）。これで

電波がある一定以上の強さがあれば、オーディオ出力が一定の音量となります。

　このあと、受信した電波を直接A/Dコンバータ（ADC）でデジタル信号に変換しようとすると、FM信号の100MHz近辺という高周波信号を変換しなければならなくなって難しくなりますので、周波数混合部（FM Mixer、AM Mixer）で内蔵発振器（VCO）の周波数と混合して周波数の低い信号に変換します。

　この周波数混合部で混合すると、内蔵発振器の周波数と受信信号の周波数を足し算した周波数の信号と、引き算した周波数の信号が生成されます。ここでは、引き算した方の低くなった周波数の信号をA/Dコンバータでデジタル信号に変換してI信号としてDSPに入力します。

　しかし、この周波数変換では少し困ったことが起きます。それは内蔵発振器の周波数に近いラジオ局の場合、周波数が近い別のラジオ局があると混信を起こしてしまうということです。これを取り除くため、内蔵発振器と90度だけ位相がずれた信号による周波数混合の信号（Q信号）も生成します。このI信号とQ信号をDSPの中で乗算処理をすると混信した信号を消してしまうことができます（この方式を直交ミキサを使ったダイレクトコンバーション方式と呼ぶ）。

　こうしてデジタル信号となってDSPに入力されたあとは、DSPのデジタルフィルタ機能により、チューニングで指定された周波数のみを取り出し、FM検波またはAM検波してオーディオ信号に変換します。さらにステレオの場合には左右チャネルの信号に振り分けます。これらをすべてDSP内のプログラムで実行してしまいます。

　内蔵発振器（VCO）の周波数が安定な周波数となるように、クリスタル発振子（XTAL）で安定な周波数を生成するようにしていますが、さらにチューニング周波数がずれた場合には、DSPから内蔵発振器の周波数を微調整するように制御して常に最適なチューニング状態になるようにしています（これをAFC：Auto Frequency Controlと呼ぶ）。

　検波されたオーディオ信号は、まだデジタル信号のままですから、これをD/Aコンバータ（DAC）に出力してアナログ信号に変換し、さらにAB級アンプ（ClassAB）で増幅してオーディオ出力として出力しています。

　このように受信する周波数をDSP内のプログラムで決めていますから、受信する周波数範囲は自由に決められます。したがって、DSPラジオICは、中波、短波、FM、TVとあらゆる範囲の放送電波を受信することができます。

　これら多くの動作の内容を設定するためのレジスタ群がReg bankにあり、I²C通信でマイコンから設定することでDSPラジオICの制御をすることができます。

　このようにすべての機能をソフトウェアで実現するので、外部の接続部品は非常に少なく、クリスタル発振子とアンテナくらいしかありません。

　では、さっそくDSPラジオを製作しましょう。最初はDSPラジオIC単体で動作する簡単なAM/FMラジオから製作していきます。

アドバイス

　性能的には可能ですが高価になるため、周波数混合部で内蔵発振器の周波数と混合して周波数の低い信号に変換します。

参考

　90度異なる位相なので直交と呼びます。

参考

　この場合のDSPはプロセッサを指します。

用語解説

・**AB級アンプ**
　A級アンプの歪を改善したアンプの回路方式。

第**2**章

簡単に作れる AM/FM ラジオ

電子工作・難易度〔★★☆☆☆〕

最初に DSP ラジオ IC を使った最も簡単に製作できる
AM/FM ラジオを作ってみます。

2-1 全体構成と機能

使う DSP ラジオ IC は、「SILICON LABS」社の「Si4831-B30」という IC です。この IC は単独で AM ラジオと FM ラジオの両方ができる IC です。マイコンによる制御が不要で、可変抵抗だけで局の選択ができます。

まず、データシートの参照回路に従った**FM 専用ラジオ**の構成とし、最少の部品で構成します。全体外観が**写真 2.1.1**となります。

参考

ブレッドボード上に電源スイッチを付けていません。スイッチ付の電池ボックスを利用するとよいでしょう。

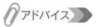

アドバイス

電池ボックスのリード線に、写真のようにコネクタ用ハウジング（2P）を取り付けています（取り付ける際はケーブル用コネクタも必要です）。

アドバイス

局が見つかると赤いLED が点灯し、さらにステレオ放送のときには、青い LED が点灯します。

参考

ブレッドボードは、「EIC-801」（または BB-801）を使用します（サイズ：84 × 54.3 × 8.5mm）。

参考

・Tuned LED（赤LED）
局が見つかると点灯。
・Stereo LED（青LED）
ステレオ放送のとき点灯。

アドバイス

Stereo Jack（3.5mm ステレオミニジャック）にヘッドフォンまたはアンプ付きスピーカ（アクティブスピーカ）を接続してください。

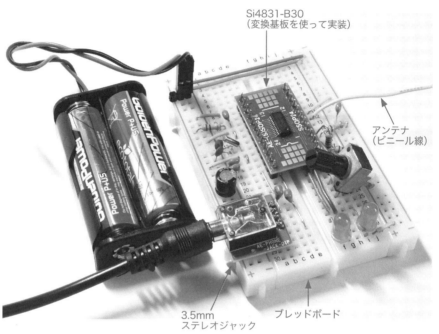

Si4831-B30
（変換基板を使って実装）

アンテナ
（ビニール線）

3.5mm
ステレオジャック

ブレッドボード

▲ 写真 2.1.1　簡単な FM ラジオの外観

このラジオの全体構成は**図2.1.1**のようになります。電源には単3電池2本を使います。32.768kHz のクリスタル振動子が全体の動作クロック用の周波数を発振させます。FM アンテナ端子に 2m くらいのビニール線を接続して、Tuning Volume のボリュームを回して局を選択します。**局が見つかると赤い Tuned LED が点灯**し、さらに**ステレオ放送のときには青い Stereo LED が点灯**します。選択された局の音声が Stereo Jack から出力されますので、ヘッドフォンなどで聴くことができますし、これを外部のアンプ付きスピーカに接続すればスピーカでも聴くことができます。

IC そのものには音量調整と音質調整のピンがありますが、今回は簡単化するため使っていません。

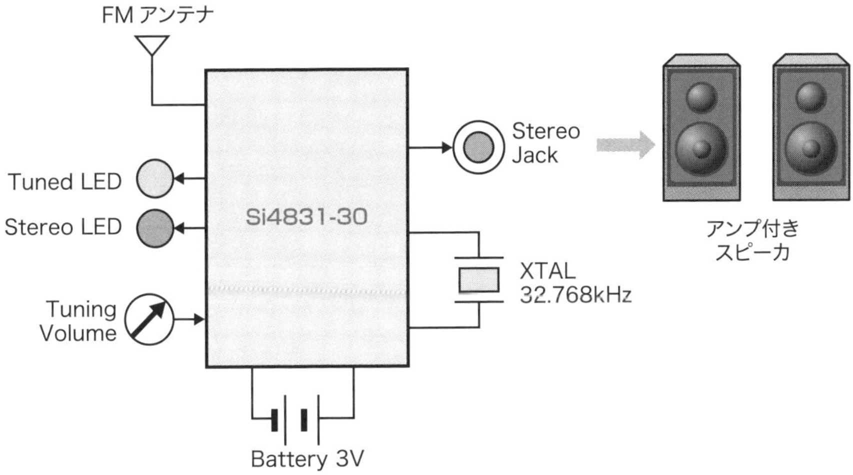
FM アンテナ
Si4831-30
Stereo
Jack
Tuned LED
Stereo LED
Tuning
Volume
XTAL
32.768kHz
アンプ付き
スピーカ
Battery 3V

▲図 2.1.1　全体構成

COLUMN　電池ケーブル用コネクタハウジングの組み立て方

ハウジングに挿入するケーブルには図.1のようなコネクタを接続します。

これにケーブルの先の被覆をはがして挿入し、本来は圧着工具を使って図.2のように固定します。

圧着工具がない場合は、ペンチなどでケーブルの固定部分を折り曲げた後、被覆のない線材部分をはんだ付けで固定します。はんだが周りにはみ出ないように注意が必要です。はみ出るとハウジングに挿入できなくなります。

これをヘッダコネクタ用ハウジングに図.2の向きのまま図.3のように挿入します（本書ではケーブルは2本でOKです）。パチンと音がするまでしっかり挿入します。

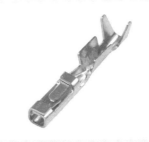

▲図.1 コネクタ

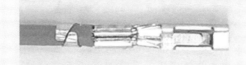

▲図.2　ケーブルの組み立て

本書では、真ん中にコネクタを挿入しません。

▲図.3　ハウジングへ挿入
(図.1 ～図.3（秋月電子通用の web より）

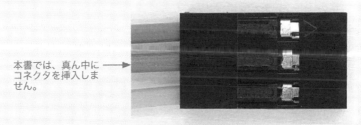

2-2 ハードウェアの製作

ここで使用するDSPラジオIC「Si4831-B30」の仕様は**図2.2.1**のようになっています。64MHzから109MHzまでのFM放送バンドをカバーできますが、ワイドバンドFMをカバーすると70MHz台のFM局が受信できなくなりますので、ここではワイドバンドFMはあきらめています。AMバンドは全範囲をカバーできます。

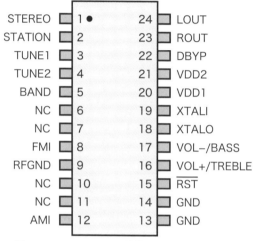

STEREO	1●	24 LOUT
STATION	2	23 ROUT
TUNE1	3	22 DBYP
TUNE2	4	21 VDD2
BAND	5	20 VDD1
NC	6	19 XTALI
NC	7	18 XTALO
FMI	8	17 VOL−/BASS
RFGND	9	16 VOL+/TREBLE
NC	10	15 RST
NC	11	14 GND
AMI	12	13 GND

受信周波数：504kHz〜1750kHz
　　　　　　：64MHz〜109MHz
電源電圧　：2V〜3.6V
消費電流　：21.5mA（受信時）
出力　　　：L/R独立　Max 60mV_RMS
AMコイル　：180μH〜450μH
発振子　　：32.768kHz　±100ppm
パッケージ：24ピン SSOP
その他　　：自動周波数制御（AFC）
　　　　　　：選局、ステレオインジケータ出力
　　　　　　：ボリューム、BASS、TREBLE制御

▲**図2.2.1**　Si4831-B30の仕様（データシートより）

全体の回路を**図2.2.2**のようにしました。ほぼデータシート通りとなっています。ちょっとコンデンサ類が多いですが、これがラジオなどの高周波回路の特徴です。

クリスタル発振子には22pFという小さなコンデンサが必須で、これで発振するようになります。

このICはBANDピンに接続する抵抗（正確には電圧）で受信周波数バンドを決めるようになっています。抵抗と周波数帯の関係は、Si4831のアプリケーションノートAN555に詳細が記述されています。

この電圧でFMとAMを切り替えることになりますが、本製作例ではFMに限定しています。後ほど機能アップでAMを追加します。

TUNE2の電圧を可変することで、選択したバンド内で受信周波数を可変するようになっていて、局を選択するのに使います。このTUNE2の電圧をVR2の可変抵抗で変えることで局選択を行います。

2個のLEDは局が選択できたときにStationのピンがLowになってLED2（赤）が点灯し、さらにその局がステレオ放送中の場合にはStereoピンがLowになってLED1（青）が点灯します。

音声はLOUTピンとROUTピンにステレオの左右の音声が出力されます。モ

ノラルの場合には同じ音声が両方のピンに出力されます。いずれのピンにも直流成分が含まれているので、C1とC2のコンデンサ[1]で音声信号だけにしてヘッドフォン[2]やスピーカアンプに接続できるようにします。

C3、C4、C9、C10のコンデンサはいずれも電源を安定化するためのもの[3]です。C8はAMアンテナ用のAMIピンから余計なノイズが入らないようにしています。なくても問題はありません。

RSTピンはリセットピンで、R4とC7で電源オン時に自動的にリセット[4]がかかるようにしています。FMIピンにビニール線[5]を接続してFM用アンテナとします。

参考

※1:コンデンサは直流を遮断して交流だけ通す性質があります。

参考

※2:駆動能力が低いので大きな音にはなりません。

アドバイス

※3:バイパスコンデンサとかパスコンとか呼ばれます。

アドバイス

※4:電源オンから遅れてHighになることでリセットがかかります。

アドバイス

※5:電子工作で使用する細いビニール線を利用します(2mほどの長さでOK)。

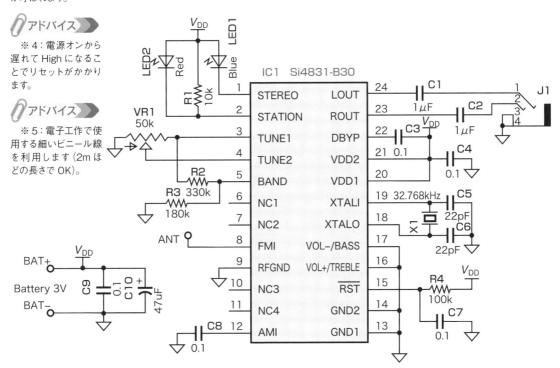

▲ 図2.2.2 簡単FMラジオの回路図

アドバイス

・変換基板

AE-SSOP24(秋月電子通商)

変換基板にICをはんだ付けしたあと、両サイドに2.54mmピッチのヘッダピンを取り付けてください。

参照

本書の「付録A:ラジオICのはんだ付け方法」を参照してください。

この回路をブレッドボード上に構成します。Si4831-B30は表面実装型の非常に小さなICですので、そのままではブレッドボードに実装できませんから、**変換基板を使って実装**できるようにします。このICのはんだ付けの方法は「付録A・ラジオICのはんだ付け方法」を参照してください。付録の手順で行うことで意外と簡単にはんだ付けできます。ポイントは拡大率の大きな拡大鏡(拡大ルーペ)を使ってぴったりと位置合わせをすることです。

その他の部品は**表2.2.1**の部品表となります。特別な部品としては、ステレオジャックはブレッドボードで使えるように変換基板に実装したものを使います。またLEDには抵抗内蔵(電流を制限する抵抗を内蔵したLED)のものを使って抵抗を省略しています。

参照

ステレオミニジャックは、写真 2.2.1 (p.32)、表 2.5.1 (p.37) を参照してください。

参考

3V から 12V で点灯するような抵抗が内蔵されている LED を使用します。

注意

本書に掲載した部品の情報は本書の執筆時のものです。変更、終売になっていることもありますので、各ショップの web サイト、HP にて最新の情報をご確認ください。

アドバイス

IC をはんだ付けした後の変換基板には、片側ロングのヘッダピンを取り付けます。

▼表 2.2.1　部品表

記号	部品種類	品名、型番	数量	入手先
IC1	DSP ラジオ IC	Si4831-B30	1	aitendo
	変換基板	AE-SSOP24	1	
LED1	抵抗内蔵 LED	青　OSB55154A-VV	1	秋月電子通商
LED2		赤　OSR55154A-VV	1	
X1	クリスタル発振子	VT-200-F-32.768kHz	1	
J1	3.5mm ジャック	AE-PHONE-JACK-DIP	1	
VR1	可変抵抗器	RV09T　B50k	1	aitendo
R1	抵抗	10kΩ　1/4W	1	秋月電子通商
R2		330kΩ　1/4W	1	
R3		180kΩ	1	
R4		100kΩ	1	
C1,C2	コンデンサ	積層セラミック 1μF　50V	2	
C3,C4,C7, C8,C9		積層セラミック 0.1μF　50V	5	
C5,C6		積層セラミック　22pF	2	
C10		電解コンデンサ 47μF　10V	1	
その他	ブレッドボード	EIC-801（BB-801）	1	
	ジャンパワイヤ	14 種類×10 本（EIC-J-L） （AM アンプ部、パワーアンプ 部と共用）	1	
	ヘッダピン （ピンヘッダ）	両端ロング　2.54 ピッチ 1×40 ピン 片側ロング　2.54 ピッチ 1×40 ピン	1	
電池ボックス 電池		単 3×2 個用 リード線、スイッチ付き	1	
		コネクタ用ハウジング（2P）	1	
		ケーブル用コネクタ	2	
		単 3 型アルカリ電池	2	

■変換基板（AE-SSOP24）に IC を実装する際

IC を真上から見ると、丸い印が付いています。丸い印が付いているピンが1番ピンです。

この丸い印が付いている方を、変換基板の半円の切り欠きマークがある方に合わせてはんだ付けしてください。こうすることで、IC の1番ピンをすぐに見分けることができます。

参考

・**赤（赤の縦線の穴）**
電源の＋
・**青（青の縦線の穴）**
GND用

注意

中央の溝で分断されていますので、両端の青同志、赤同志を接続するのを忘れないようにしてください。

参照

筆者は、写真2.1.1の電池ボックスのように、ハウジングをコードに取り付けて使用しています。

ブレッドボード上の配線は**図2.2.3**のようにします。実際に配線を完了したブレッドボードが**写真2.2.1**となります。ICと可変抵抗、ステレオジャックを外した状態のブレッドボード上の配線状態です。

ブレッドボードに使うジャンパワイヤは、長さが合うものが少ないので、長いジャンパワイヤを切断して長さを調節したものを作成して使います。C1、C2のコンデンサはリード線を適当な長さにして直接ICとジャック間を接続します。

ブレッドボードの両端にある赤と青の連続した穴は電源とGND用として使いますが、**両端の青同志、赤同志を接続するのを忘れないようにします**（例えば、**写真2.2.1**の両端の青（−）同志、両端の赤（＋）同志を接続します）。

電池の接続は、筆者は電池ボックスのリード線にヘッダピンと接続できるハウジングを接続して使っていますので、その接続用のヘッダピンを**写真2.2.1**のように左下の電源とGNDピン間に実装しています。ここは、電池ボックスのリード線を直接ブレッドボードに挿入するか、ジャンパワイヤ（もしくはピンヘッダ）を電池ボックスのリード線にはんだ付けして接続してもよいかと思います。

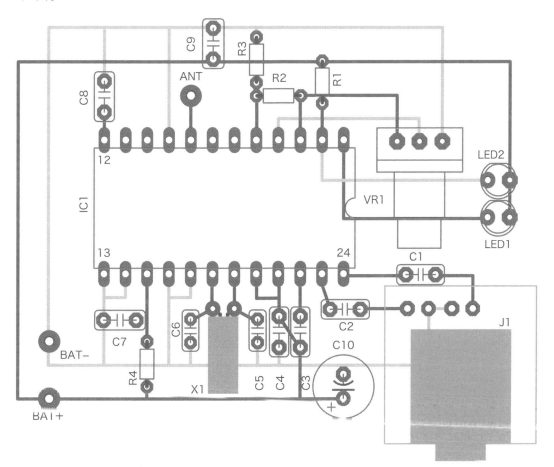

▲図2.2.3 簡単なFMラジオの組立図

注意

IC1、LED、電解コ
ンデンサは極性に注意
（部品の向きに注意）
して取り付けてくださ
い。
・**IC1**
　向きに注意して実装
してください（図2.2.1
でピン番号を確認して
ください）。
・**LED**
　足の長い方が＋です
（足の長い方を＋側に
接続）。
・**電解コンデンサ**
　足の長い方が＋で
す。
・**その他の部品**
　積層セラミックコン
デンサ、抵抗器、クリ
スタル発振子に極性
はありません。

 参考

　「全体回路図」「全
体組立図」「配線を完
了したブレッドボード
の写真」を、技術評論
社のWebサイト「書籍
案内」本書の『サポー
トページ』に掲載して
あります（p.2参照）。
　製作時の確認用に
ご利用ください。

 参考

　IC（変換基板に実
装）はブレッドボード
の縦溝（中央の溝）を
またぐように取り付け
ます。

 参考

・**ブレッドボード「EIC-
801」のサイズ**
　・長辺：84mm
　・短辺：54.3mm
　写真2.2.1は拡大し
て掲載しています。
　ちなみに一般的な
名刺のサイズは、
　91mm×55mm
です。

可変抵抗器／ステレオミニジャック

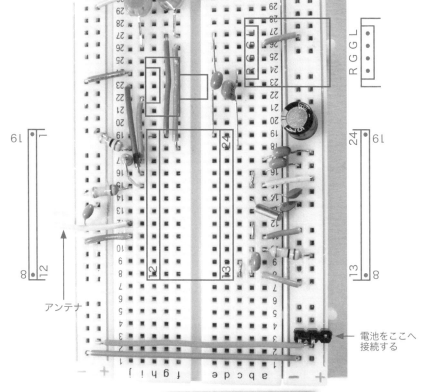
アンテナ／RGGL／電池をここへ接続する

DSPラジオIC（変換基板に実装）

▲写真2.2.1　配線完了したブレッドボード

2-3 動作確認

参考

アンテナ線は細い2mくらいのビニール線でかまいません。

アドバイス

〔音が出ない場合〕
まず配線ミスがないか確認してください。配線ミスでなければ、ラジオICのはんだ付けのミスかもしれません。はんだブリッジはないか、ルーペで再チェックし、ブリッジしていれば、はんだ吸取線で取り除いてください。

注意

可変抵抗器をわずかに回しただけで大きく周波数が変わるので注意してください。

ブレッドボードの配線が完了したら、早速、ステレオジャックにヘッドフォンかアンプ付きスピーカを接続し、適当な長さのアンテナ線（2mほどのビニール線）を接続してから、電池を接続して動作を確認します。

スピーカからザーという音が聞こえれば基本の動作はしています。可変抵抗器（ボリューム）を回してFM局を探します。どこかで赤のLEDが点灯し、受信できた局の音が聞こえれば正常に動作しています。

32.768kHzのクリスタル発振子は発振しにくいので、場合によると電源オンから数秒かかって動作を開始する場合もあります。特に、C10の電解コンデンサを電池接続部と振動子の間に実装すると、電源の立ち上がりが遅くなって発振しなくなりますので注意が必要です。

以上でFMラジオとして使用できます。なお「Si4831-B30」はAMラジオも聴くことができるので、次にAMラジオ部の追加方法を解説しておきます。

■アンテナ線の接続

アンテナ線を接続してください。

ここで接続するアンテナ線はFM用のアンテナです（AMラジオのアンテナは「2-4 AMラジオを追加する」を参照してください）。2mほどのビニール線（電子工作時に使用する配線用の細いビニール線でかまいません）をIC1の8番ピンに接続してください（写真2.2.1参照）。

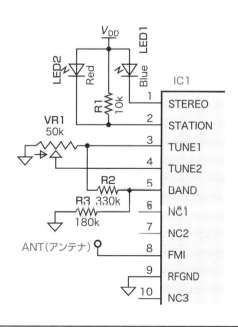

2-4 AM ラジオ部を追加する

アドバイス

AM ラジオ部は、FM 部とは別のブレッドボードで製作し、連結して使用します。

参考

・**BAND ピン**：5 番ピン
・**AMI ピン**：12 番ピン

参照

バーアンテナ（写真2.4.1 参照）

アドバイス

バーアンテナだけで受信できます。

アドバイス

ブレッドボードの側面に凹凸部があり、密着してスライドさせると連結できます。ブレッドボードの向きに注意が必要です。

参考

IC1 の 1 番ピン〜12 番ピン側の部品を写真 2.4.1 のように、取り付けてください。

なお、AM ラジオ部の R2 は 220kΩ となりますので間違えないようにしてください。

製作した FM ラジオに AM ラジオ部を追加します。追加、変更する部分の回路図が**図2.4.1**となります。ラジオ部との接続部も示しています。

ラジオ部は BAND ピンと AMI ピン周りが変更になります。まず周波数バンドを AM と FM の切り替えができるように R2 を 220kΩ とし R5 の 100kΩ を追加し、ジャンパで 100kΩ の両端のいずれかを BAND ピンに接続するようにします。これで AM と FM の切り替えができるようになります。

つぎに AMI ピンに**バーアンテナコイル**を接続します。C8 の GND 側をコイルに接続します。これだけで AM 放送を聴くことができるようになります。

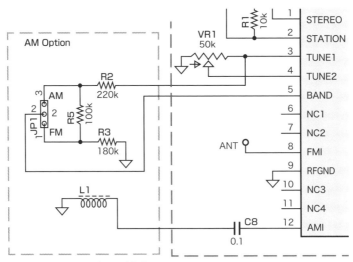

▲**図2.4.1** AM ラジオの追加部

この追加部分を独立のブレッドボード上に実装し、DSP ラジオ部（先ほど製作した FM ラジオ）のブレッドボードと連結して**写真2.4.1**のように一体化します。この追加に必要な部品は**表2.4.1**となります。

注意

本書に掲載した部品の情報は本書の執筆時のものです。変更、終売になっていることもありますので、各ショップの web サイト、HP にて最新の情報をご確認ください。

▼**表2.4.1** AM ラジオ部の部品表

記号	部品種類	品名、型番	数量	入手先
L1	AM バーアンテナ	BT500DH	1	aitendo
R2	抵抗	220kΩ　1/4W	1	秋月電子通商
R3		180kΩ　1/4W	1	
R5		100kΩ　1/4W	1	
JP1	ジャンパ	両端ロングヘッダピン 3ピン	1	
	ジャンパピン	2228	1	
その他	ブレッドボード	EIC-801 （BB-801）	1	

参考

AM 用のバーアンテ
ナであればどれでも正
常動作します。

　バーアンテナはリードの足が出ているタイプですので、足をブレッドボード
に挿入して固定して使います。裏面にツメがあってブレッドボードに挿入する
際に邪魔になりますので、ニッパで切断しています。R2とR3の抵抗とC8のコ
ンデンサは、リード線を長めにして直接AM側のブレッドボードに接続してい
ます。

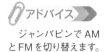

アドバイス

ジャンパピンで AM
と FM を切り替えます。

ジャンパピン
（AM/FMを切り替え）

▲ 写真 2.4.1　AM 部のブレッドボードを接続（連結）した状態

アドバイス

　ヘッダピン（3ピン）
にジャンパピン（ジャン
パピンの内部で導通）
を差し込むことで切り
替えます。

　AM受信動作の確認は、**写真2.4.1**のようにジャンパピンを接続するだけで、
可変抵抗で局選択ができるようになります。ただし、可変抵抗のつまみをわず
かにまわすだけで周波数が大きくかわりますので、わずかずつ回す必要があり
ます。正確に局選択ができれば赤いLEDが点灯します。
　バーアンテナだけで十分の感度がありますので、外部アンテナは必要ありま
せん。

2-5 スピーカアンプ部の追加

アドバイス
アンプ付きスピーカを使用する場合は、このアンプ部の製作は必要ありません。

参考
・M2073
オーディオアンプIC。

用語解説
・2連ボリューム
2つのボリュームが一つの軸で回せるようになっているボリューム。

　AM/FMラジオができたところで、スピーカを鳴らせるアンプ部を追加します。この部分も独立のブレッドボードに作成し、DSPラジオのブレッドボードに連結します。

　アンプ部の回路を**図2.5.1**のようにしました。ラジオ部との接続部も示しています。アンプ用ICにはM2073を使いました。ワンチップでステレオアンプが構成でき、低電圧でも動作しますので便利に使えます。入力部には2連ボリュームを追加して音量調整ができるようにしています。この入力にDSPラジオICのLOUTとROUTの出力をC1とC2のコンデンサ経由で接続します。アンプのスピーカ出力には直流成分がありますから、十分大容量の電解コンデンサで交流だけ通過させます。低いスピーカのインピーダンスへの対応と、低音まで通過できるように大容量のコンデンサを使います。

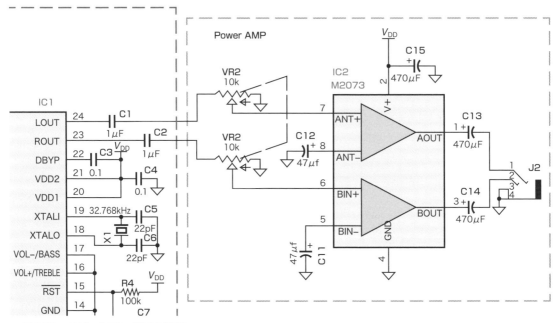

▲図2.5.1　スピーカアンプ部の回路図

アドバイス
2連ボリュームは、Aカーブのものを選択してください。

アドバイス
低い周波数ほどコンデンサを通過しにくいので容量を大きくする必要があります。
本書では470μFの電解コンデンサを接続しています。

アドバイス
アンプ付きスピーカを接続して使用する場合は、スピーカアンプ部は必要ありません。

このアンプの組み立てに必要な部品が**表2.5.1**となります。

▼表 2.5.1　アンプ部の部品表

記号	部品種類	品名、型番	数量	入手先
IC2	オーディオアンプ	M2073	1	
J2	3.5mm ステレオミニジャック	AE-PHONE-JACK-DIP（DIP 化キット）	1	
VR2	2 連可変抵抗	RK0972A103L15F　10kΩ	1	秋月電子通商
	変換基板	AE-2VR-SW	1	
C11,C12	電解コンデンサ	47μF　16V	2	
C13,C14,C15		470μF　10V	3	
その他	ブレッドボード	EIC-801	1	

アドバイス

G,C,A,A,C,G の 順になっています（G がGND 側）。

アドバイス

ラジオ IC のすぐ下に付いている抵抗器は実装しなくてもかまいません（図 2.5.2 に掲載していない部品です）。

アドバイス

積層セラミックコンデンサ（セラミックコンデンサ）を、写真 2.2.1 と比較するとわかりますが、1 個減らしています。コンデンサは電源で GND 間を接続しているものはバイパスなので 6 個でも大丈夫ですし、写真 2.2.1 のように 7 個でも大丈夫です。

注意

写真 2.5.1 の IC2は NMJ2073D を 実装したものです。入手が困難な場合は代替品の M2073 を使用してください（ピン番号、機能は同じです）。

写真のように、ブレッドボードの溝の部分に実装してください。

注意

電解コンデンサには極性がありますので、向きに注意して実装してください。

アンプ部をブレッドボードに組んだところが、**写真2.5.1**となります。出力ジャックと2連ボリュームを外した状態となっています。このブレッドボードもラジオ部と連結して使います。2連ボリュームのピン配置が左右で逆になっていますので注意が必要です。

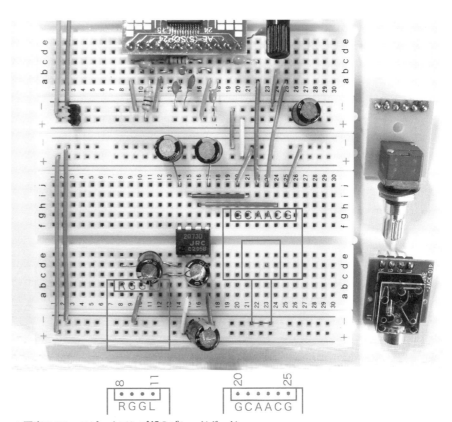

▲写真 2.5.1　スピーカアンプ部のブレッドボード

このアンプ部は特に調整が必要なところはありませんから、配線さえ正しければ問題なく動作します。結構大音量でスピーカを鳴らすことができます。

　以上の追加で最終的に完成したAM/FMラジオの全体の配線は**図2.5.2**のようになります。

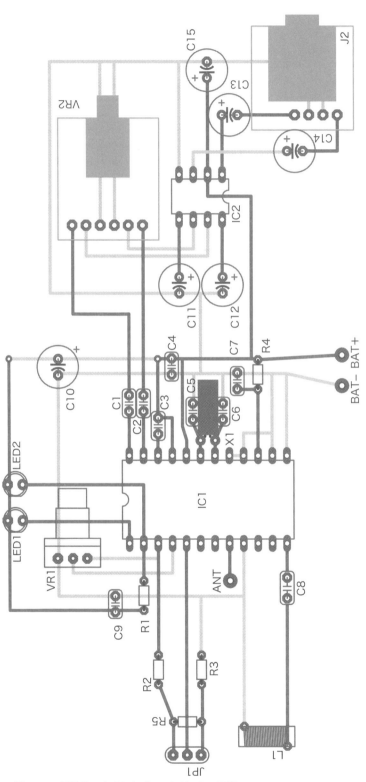

▲図2.5.2　最終的に完成したブレッドボードの配線

これらの機能追加をして完成したAM/FMラジオの全体外観が**写真2.5.2**となります。ブレッドボードの両端の青ライン（GND）と赤ライン（電源）の接続と、ブレッドボード間の接続を忘れないように注意してください。

> **注意**
>
> 完成した写真に、配線図、組立図と違う部品が実装されている場合があります。
> 組み立て中に追加したもので、特に大きく影響するものではありません。
> 配線図、組立図通りに組み立てることで問題ありません。

← スピーカアンプ部

← AMラジオ部

▲ 写真 2.5.2　完成した AM/FM ラジオの全体外観

■ Si4831-B30 の BAND を決める抵抗の決め方

・AN555
アプリケーション
ノート

日本の FM 放送の
時定数は 50μs です。

参考
500k：TUNE1 から
GND までの合計抵抗。

Si4831-B30 の BAND を決める抵抗の決め方は次のようにします。

① AN555 にあるバンドの一覧表で FM のデエンファシスが 50μs のバンドだけ取り出すと図2.5.3 の表のようになります。この表から AM バンドと FM バンドの抵抗値 R_{AM} と R_{FM} を求めます。70MHz 台と 90MHz 台のどちらを選択するかで R_{FM} が 50kΩ か 180kΩ になります（図2.5.3参照）。

② まず R3（R_{FM}）を決めます。次に R_{AM} を求め R5 = R_{AM} − R3 から R5 を求めます。

③ 最後に R2 = 500kΩ − R5 − R3 で R2 を求めます。

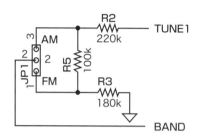

① R3 = R_{FM} とする
② R5 = R_{AM} − R_{FM} とする
③ R2 = 500 − R3 − R5 とする

Band Number	Band Name	Band Frequency Range	De-emphasis	Stereo LED on Threshold (Only for Si483x-B)	Total R to GND (kΩ, 1%)
Band1	FM1	87-108 MHz	50μs	Separation = 6 dB, RSSI = 20	47
Band2	FM1	87-108 MHz	50μs	Separation = 12 dB, RSSI = 28	57
Band5	FM2	86.5-109 MHz	50μs	Separation = 6 dB, RSSI = 20	87
Band6	FM2	86.5-109 MHz	50μs	Separation = 12 dB, RSSI = 28	97
Band13	FM4	76-90 MHz	50μs	Separation = 6 dB, RSSI = 20	167
Band14	FM4	76-90 MHz	50μs	Separation = 12 dB, RSSI = 28	177
Band21	AM1	520-1710 kHz			247
Band22	AM2	522-1620 kHz			257
Band23	AM3	504-1665 kHz			267
Band24	AM4	520-1730 kHz			277
Band25	AM5	510-1750 kHz			287

R_{FM} = 50K～180k

R_{AM} = 250k～280k

▲ 図2.5.3 バンド抵抗値の求め方（表は「アプリケーションノート AN555」をもとに作成）

2-6 ユニバーサル基板で製作する

・ユニバーサル基板
穴が等間隔にあけられたはんだ付け用のランドが用意されているプリント基板。

ブレッドボードでの組み立ては、長期間の使用には向いていません。そこで、ユニバーサル基板にはんだ付けをして、長期間での使用もできるものに作り替えましょう。

写真 2.6.1 は、片面ガラス・ユニバーサル基板（ブレッドボード配線パターンタイプ）というユニバーサル基板で、秋月電子通商で購入できます。
この基板のパターンは EIC-801 と同じになっています。

写真 2.6.2 は、写真 2.2.1 と部品の配置を変えた個所がありますが、写真 2.2.1 と同じ配置として問題ありません。

　デジタルラジオをブレッドボードではなくユニバーサル基板ではんだ付けする方法で組み立ててみます。

　使うユニバーサル基板は**写真 2.6.1**のような基板です（ブレッドボード配線パターンタイプ）。写真で分かるように、このユニバーサル基板はブレッドボードの EIC-801 と全く同じ配置となっていて、表面の印刷も同じですし、裏面のパターンも同じ接続構成となっています。したがって、ブレッドボードで組み立てたものと全く同じ配置と配線ではんだ付けによる組み立てができます。

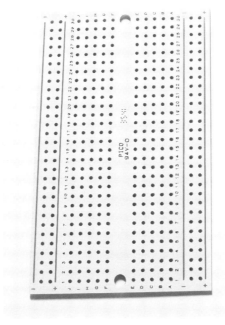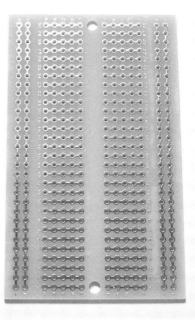

▲ 写真 2.6.1　ユニバーサル基板（ブレッドボード配線パターンタイプ）

　実際に本章の最初に製作したラジオと同じものを組み立ててみたものが、**写真2.6.2**となります。すべてはんだ付けで固定されていますから、抜けたり接触不良を起こしたりすることもないので、長く安定な状態で使うことができます。

　とりあえずブレッドボードで確認した後、このユニバーサル基板で組み立てれば、ブレッドボードでまずい箇所を修正しながら組み立てられますから、きれいな配置配線で、安定で確実な動作とすることができるようになるので便利な基板です。

アドバイス

IC を取り付けてしま
うと、IC の変換基板
の下の配線を間違えて
しまった場合の修正が
できません。
　IC の変換基板の下
の配線は注意してはん
だ付けを行ってくださ
い。

アドバイス

LED の位置を、写
真 2.2.1 の配置と変更
しています。

▲写真 2.6.2　ユニバーサル基板で組み立てたラジオ

第**3**章

放送局名表示
FM ラジオの製作

電子工作・難易度 〔★★★☆☆〕

　　次は DSP ラジオ IC とマイコンを組み合わせたラジオを製作してみます。

3-1 全体構成と機能

参考

製作するラジオは
FM（ワイドFM対応）
ラジオです。

用語解説

・I²C
2本の線で近距離
のシリアル通信を行う
方式。複数のスレーブ
をアドレスで指定して
通信できる。
・PIC16F18326
14ピンのPICマイ
コン。

参考

・変換基板
MSOP（10ピン
0.5mmピッチ）DIP化
変換基板。秋月電子
通商の「AE-MSOP10」
を使用しました。

注意

写真3.1.1のRTC
モジュールはRX8900
を使用したモジュール
です。代替品を使用し
た場合はマニュアルで
ピン配置を確認して接
続を行ってください。

参考

電池ボックスのリー
ド線にコネクタ用ハウ
ジング（2Pまたは3P）
を取り付けると便利で
す（第2章参照）。

アドバイス

RX8900が入手で
きない場合は、RX-
8025NB、RTC-
4543SAで代用可能
です（ピン番号、機能
はマニュアルで確認し
てください）。

使うICは「QN8035」というQuintic社のFM専用のDSPラジオICです。
わずか10ピンしかないICで、I²Cというシリアル通信でマイコンと接続して使
います。マイコンにはPIC16F18326という14ピンの8ビットマイコンを使
います。マイコンの詳細は付録（付録C：PIC16F18326の概要）を参照してく
ださい。完成した全体外観が**写真3.1.1**となります。右側がマイコン部で左側が
ラジオ部となります。

ラジオICはやはり小さくて（表面実装型の部品）、そのままではブレッドボー
ドに実装できませんので、変換基板に実装して使います。

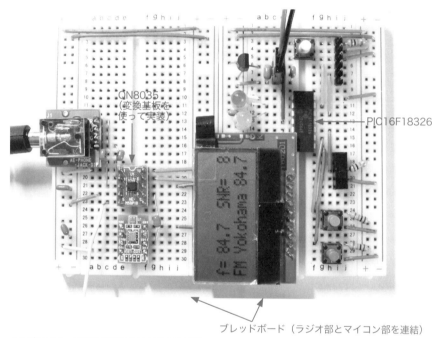

▲ **写真3.1.1 局名表示型FMラジオの外観**

ブレッドボード（ラジオ部とマイコン部を連結）

全体の構成を**図3.1.1**のようにしました。

ラジオICにはアンテナとステレオ出力、マイコンとの接続しかありません。
クロック信号には32.768kHzのパルスが必要なのですが、発振回路は内蔵して
いませんので、外部発振器が必要となります。ここでは、簡単にするためリア
ルタイムクロックIC（RX8900）を使用しました。

アドバイス

※1：I²C 通信は、複数のデバイスを一つのラインに接続でき、アドレスで区別して通信することができます。

アドバイス

※2：AM と FM の切り替え用（別の章で使用）なので本製作例では不要です（取り付けなくてもかまいません）。

用語解説

・EEPROM
Electrically Erasable Programmable Read-Only Memory の略
バイト単位で読み書きが可能で、電源オフでも内容を保持するメモリ。

マイコンには PIC16F18326 を使い、一つの I²C ライン※1 でラジオ IC と液晶表示器を接続します。液晶表示器に局名と受信周波数と受信レベルを表示します。

局選択は、マイコン内に「局リスト」を記憶しておき、Up、Down スイッチでリストから順次選択します。BAND スイッチ※2（**写真 3.1.1** のスライドスイッチ）は本製作例では使いません（別の章で使用）。

さらに局リストの番号を PIC マイコンの EEPROM に保存し、次に電源を入れたとき、その前に聴いていた局を自動的に選択するようにします。

電源は単3電池3本で供給し、**3端子レギュレータ**（MCP1702、またはLM2950G-3.3）で 3.3V を生成して全体を 3.3V で動作させています。

LED1 と LED2 はプログラムテスト用に使います。ICSP のピンヘッダはプログラム書き込み用ツールを接続してプログラムを書き込むのに使います。ここにマイコンのリセットスイッチも接続しています。

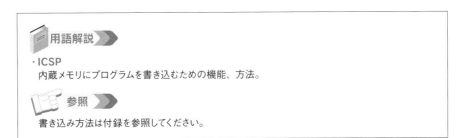

用語解説

・ICSP
内蔵メモリにプログラムを書き込むための機能、方法。

参照

書き込み方法は付録を参照してください。

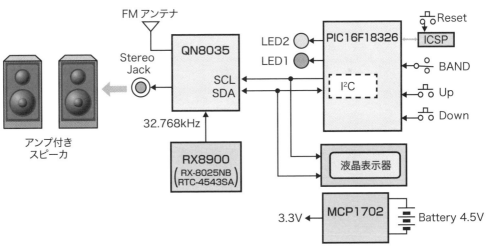

▲ 図 3.1.1　局名表示型 FM ラジオの全体構成

3-2 ハードウェアの製作

▶▶ 3-2-1 主要部品の仕様

ハードウェアの製作にあたり、使用する主要部品の仕様を説明します。

使用するラジオIC「QN8035」の仕様は**図3.2.1**のようになっています。**受信周波数は60MHzから108MHzのFMだけ**となっています。この範囲すべてが受信可能なので、**ワイドFMも受信**することができます。局選択や音量調整などは、すべてマイコンからI²C通信で制御する必要があります。

音声出力は最小負荷が32Ωまでとなっていますので、ヘッドフォンやイヤホンも駆動できます。

参考
FM（ワイドFM対応）ラジオを製作します。

参考
ヘッドフォン、イヤホン、もしくはアンプ付きスピーカを接続してください。

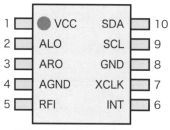

受信周波数：60MHz〜108MHz
電源電圧　：2.7V〜5.0V
消費電流　：13mA（受信時）
出力　　　：L/R 独立　Min 32Ω負荷
接続方式　：I²C インターフェース　Max 400kHz
発振子　　：32.768kHz　±20ppm
パッケージ：10 ピン MSOP

▲**図 3.2.1**　QN8035 の仕様

ラジオICに必要な32.768kHzのパルスは、**図3.2.2**のようなリアルタイムクロック（RTC）用のICを使います。このICは電源さえ供給すれば、非常に正確な32.768kHzのパルスを生成するので便利に使えます。

アドバイス
DIP化モジュールを使用します（秋月電子通商：高精度RTC（リアルタイムクロック）RX8900 DIP 化 モジュール）。

アドバイス
RTCモジュールは、RX8900、RX-8025NB、RTC-4543SAなどを使用したものが使えます。
ピンの配置は、各モジュールのマニュアルで確認してください。

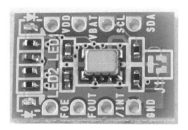

RX8900CE UA DIP 化モジュール（秋月電子通商製）
電源　　　：DC2.5V〜5V（0.7μA）
　　　　　　バッテリバックアップ可能
外部接続IF：I2C
周波数精度：月差 9 秒相当
パルス出力：32.768kHz/1024Hz/1Hz 選択
年月日時分秒：BCD 形式
アラーム機能：割り込み出力あり

▲**図 3.2.2**　リアルタイムクロック IC の仕様

参考
・RST（リセット）
・SCL（クロック）
・SDA（データ）
・VSS（GND）
・VDD（電源）

各種情報の表示用として図3.2.3のような16文字、2行の液晶表示器を使いました。小型でI²C制御となっていますので、ラジオICと共用のI²Cで接続してマイコンから制御します。10ピンなのですが、使うのは5ピンだけです。電源も3.3Vで動作します。

型番　　：SB1602B
電源　　：2.7V〜3.6V
表示　　：16 文字 ×2 行
　　　　　アイコン表示
バックライト：無
制御　　：I2C　アドレス 0x3E

No.	信号名	No.	信号名
1	RST	6	
2	SCL	7	
3	SDA	8	未使用
4	VSS	9	
5	VDD	10	

▲図 3.2.3　液晶表示器の仕様

 用語解説

・3 端子レギュレータ
出力電圧を常に一定に保つ働きを持った IC。
MCP1702-33（マイクロチップ）、またはLM2950G-3.3（秋月電子通商）。

電源は単 3 電池 3 本で 4.5V を供給し、**図 3.2.4** の 3 端子レギュレータで 3.3V を生成して全体に供給します。このレギュレータは 250mA まで供給でき、電圧ドロップも 0.6V 以下となっていますから、電池残量が減少しても余裕で使えます。

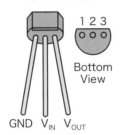

3-Pin TO-92

1 2 3

Bottom View

GND　V_{IN}　V_{OUT}

型番　　　：MCP1702-33
出力電圧　：3.3V
入力電圧　：2.7V 〜 13.2V
出力電流　：Max 250mA
ドロップ電圧：Max　0.6V

▲図 3.2.4　3 端子レギュレータの仕様

▶▶ 3-2-2 ｜ 全体回路図と組み立て

 参照

※1：「付録 A DSP ラジオ IC のはんだ付け」を参照してください。

 アドバイス

※2：このコンデンサはアンプ付きスピーカを接続する前提の容量となっています。

 参考

※3：マイコン部のスライドスイッチは第4 章で使用します。第3 章では不要です。

参考

※4：実際のプログラムの書き込み方法は、付録 B を参照してください。

これらの部品を前提に作成した回路図が**図 3.2.5** となります。ラジオ部とマイコン部とそれぞれ独立のブレッドボードに実装して連結して構成します。

ラジオ部は簡単な構成で部品も少なくなっています。ラジオ IC は変換基板に実装して使いますが、このはんだ付けは付録にはんだ付け[※1]の仕方を解説しています。音声出力はラジオ IC から C6 と C7 のコンデンサ[※2]で直流成分をカットして接続しています。

マイコン部は第 4 章[※3]の製作例と同じ構成としています。必須になるのが、プログラムの書き込み[※4]（ICSP）用のヘッダピン（6 ピン）とリセットスイッチ（タクトスイッチ）です。LED（抵抗内蔵 LED）を 2 個接続していますが、これらはプログラムのテスト用です。

液晶表示器は I²C ラインに接続し、それぞれ 10kΩ[※5]の抵抗で電源に接続しています。2 個のタクトスイッチ[※6]と 1 個のスライドスイッチを接続しています。タクトスイッチは局リスト選択時のアップとダウンのスイッチです。スライドスイッチはバンド切り替用なのですが、本製作例では使っていません（第 3 章ではスライドスイッチは不要です。4 章で使用します）。

レギュレータで生成した3.3V電源は、ラジオ部にも供給するので、ブレッドボード間の接続を忘れないようにする必要があります。

注意

※5：プルアップ抵抗ですが、あまり大きい値の抵抗にはしないでください。I²C 通信エラーの原因となります。

アドバイス

※6：各スイッチには 10k Ω のプルアップ抵抗を接続しています。これでオフ時に High となってオン／オフが区別できるようになります。

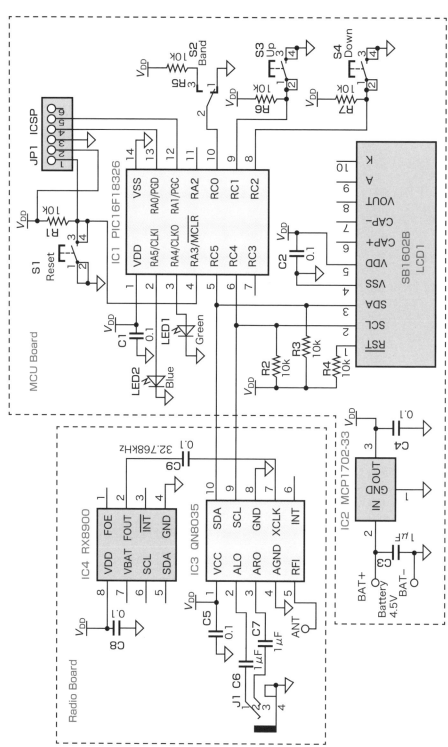

▲図 3.2.5　全体回路図

アドバイス

ラジオ部とマイコン部の2つのブレッドボーに分かれています。
これを連結して使用します。

この回路を2つのブレッドボードに実装します。使う部品はマイコン部が**表**

3.2.1、ラジオ部が**表3.2.2**となります。3端子レギュレータは、本製作例は消費電流がわずかですから100mAタイプのレギュレータでも大丈夫です。

▼表 3.2.1　マイコン部の部品表

記号	部品種類	品名、型番	数量	入手先
IC1	マイコン	PIC16F18326-I/P	1	秋月電子通商
IC2	3端子レギュレータ	MCP1702-3302E/TO または LM2950G-3.3	1	マイクロチップ 秋月電子通商
LED1	抵抗内蔵 LED	緑　OSG55154A-VV	1	秋月電子通商
LED2		青　OSB55154A-VV	1	
LCD1	液晶表示器	SB1602B　バックライトなし #27001	1	ストロベリーリナックス
S1,S3,S4	タクトスイッチ	基板用小型　黄、赤、青	各1	
S2	スライドスイッチ	SS-12SDP2	1	
JP1	ヘッダピン	両端ロング 2.54 ピッチ　6 ピン	1	
R1,R2,R3 R4,R5,R6, R7	抵抗	10kΩ　1/4W	7	
C1,C2,C4	コンデンサ	積層セラミック　$0.1\mu F$　50V	3	
C3		積層セラミック　$1\mu F$　50V	1	
その他	ブレッドボード	EIC-801	1	秋月電子通商
その他	ヘッダピン	両端ロングヘッダピン　3 ピン	1	
	ジャンパワイヤ	14 種類×10 本（共用）EIC-J-L	1	
	電池ボックス	単 3×3 個用 リード線、スイッチ付き	1	
		コネクタ用ハウジング（2P または 3P）	1	
		ケーブル用コネクタ	2	
	電池	単 3 型アルカリ電池	3	

▼表 3.2.2　ラジオ部の部品表

記号	部品種類	品名、型番	数量	入手先
IC3	DSP ラジオ IC	QN8035	1	aitendo
	変換基板	AE-MSOP10	1	
IC4	リアルタイムクロック（RTC 基板モジュール）	AE-RX8900、または（RX-8025NB、RTC-4543SA）	1	
J1	3.5mm ステレオミニジャック	AE-PHONE-JACK-DIP（DIP 化キット）	1	
C5,C8,C9	コンデンサ	積層セラミック　$0.1\mu F$ 50V	3	秋月電子通商
C6,C7		積層セラミック　$1\mu F$ 50V	2	
その他	ブレッドボード	EIC-801（BB-801）	1	
	ヘッダピン	片側ロングヘッダピン 2.54 ピッチ　10 ピン	1	
	ジャンパワイヤ	14 種類×10 本（共用）EIC-J-L	1	

注意
第 3 章ではスライドスイッチは使用しません（第4章で使用します）。

参考
JP1(図 3.2.5 参照)は ICSP 用に取り付ける 6 ピンのヘッダピンです（両端ロングピンヘッダ）。

アドバイス
本書に掲載した部品の情報は本書の執筆時のものです。変更、終売になっていることもありますので、各ショップの web サイト、HP にて最新の情報をご確認ください。

アドバイス
コネクタ用ハウジングの 3P を使用する場合は、ハウジングの中央は使用しません（左右にケーブルを挿し込んで、中央は空いたままとします）。

アドバイス
QN8035 は表面実装タイプの IC なので、変換基板に実装して使用します。

　　　　　ブレッドボード上の配線は、**図3.2.6**のようにします。実際に配線を完了した
ブレッドボードが**写真3.2.1**となります。液晶表示器を外した状態です。

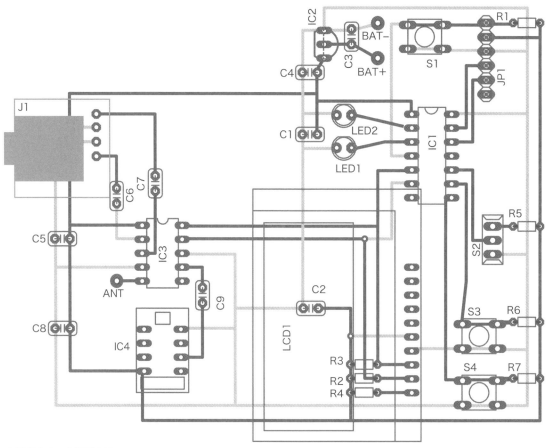

▲ **図3.2.6　全体組立図**

 注意 ▶

　図 3.2.6 の IC4 は RX8900 を使用して接続する際の接続例です（写真 3.2.1 は RX8900 を搭載した写真です）。
　代替品を使用する場合は、各 RTC モジュールのマニュアルでピンを確認し、向きに注意して実装してください。

注意

電源（赤）と GND（青）の、両端の青同志、赤同志を接続するのを忘れないようにしてください。

アドバイス

ラジオ IC の基板、リアルタイムクロックの基板、PIC16F18326、タクトスイッチ S1 は、各ブレッドボードの中央の溝をまたぐように配置してください。

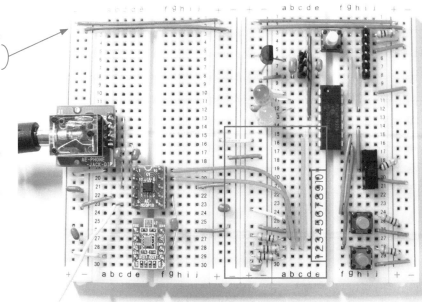

▲写真 3.2.1　配線を完了したブレッドボード

参考

・**スライドスイッチ**
　第 3 章のラジオでは使用しないため不要です。
・**タクトスイッチ**
　局リスト選択時のアップとダウンとリセット。

アドバイス

　液晶表示器「SB1602B」に同梱されているヘッダピンを「SB1602B」に取り付けてください。このピンは細いため、ブレッドボードに装着できない場合には、ヘッダピン（片側ロングピン）を「SB1602B」に取り付けた細いピンにはんだ付けして利用します（長い方がブレッドボード側）。

参考

　「全体回路図」「全体組立図」「配線を完了したブレッドボードの写真」を、技術評論社の Web サイト「書籍案内」本書の『サポートページ』に掲載してあります（p.2 参照）。製作時の確認用にご利用ください。

■
COLUMN　〔RTC の代替品を使用した場合〕

　使用するにあたっては、各 RTC モジュール（秋月電子通商）のマニュアルを参照してください。
① RX-8025NB 使用基板（AE-RX-8025NB）
　・VDD を電源に接続、GND を接続。
　・FOE ピンを VDD に接続すれば、FO（FOUT）ピンから 32.768kHz が出力される。
② RTC-4543 使用基板（AE-RTC-4543A-V2）
　・VCC を電源に接続、GND を接続。
　・基板上の J2 をジャンパ接続すれば、FOUT ピンから 32.768kHz が出力される。
③ RTC-4543 使用基板（RTC-4543SA）
　・VDD を電源に接続、GND を接続。
　・FOE ピンを VDD に接続。
　・J2 のジャンパ、出荷時のジャンパを切断し、反対側に接続。

3-3 ソフトウェアの製作

▶ 3-3-1 プログラムの全体構成

参考

プログラムは、技術
評論社のWebサイト
よりダウンロードでき
ます（p.2参照）。
プロジェクト名
「QN8035_Ver2」に
プログラム一式を入れ
てあります。

注意

プロジェクトをPC
にコピーする場合は、
日本語のフォルダ名は
使わないでください。
また、デスクトップ上
に置かないでください。

　本製作例のプログラム全体のフローは**図3.3.1**となります。プロジェクト名は
「QN8035_Ver2」となります。
　main関数の中で処理の流れは完結し、情報表示の部分はサブ関数（Disp）
として作成しています。メインの流れはアップ、ダウンスイッチの処理だけです。
　1秒ごとのタイマ0の割り込みでFlag変数がセットされ、その都度メイン関
数の最後で表示が更新されます。

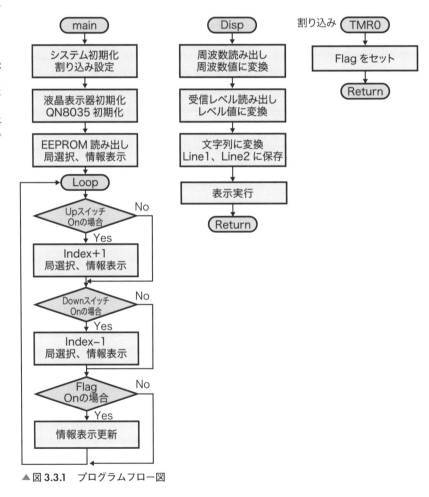

▲図3.3.1　プログラムフロー図

▶ 3-3-2 ラジオICの使い方

　ラジオICはI^2Cというシリアル通信で制御しますが、IC内部にレジスタと呼
ばれる設定や状態の記憶部が数多くあり、そのレジスタを設定することで動作

参考
レジスタの詳細は
QN8035のデータシー
トを参照してください。

モードが決まり、レジスタ内容を読み出すことで状態を知ることができます。この設定や状態読み出しをI^2C通信で行います。

I^2C通信で読み書きするレジスタには多くの種類がありますが、本書で扱うものは以下の【制御レジスタ】のみとなります。

参考
青字の部分は本書
の設定になります。

制御レジスタ

❶ SYSTEM1 〔アドレス：0x00　デフォルト値：0x01〕

■SWRST：ソフトリセット

　1：リセット実行　　　0：現状維持

■RXREQ：受信実行

　1：受信モードにする　　　0：しない

■CCA_CH：チャネル選択

　1：CH[9:0]で設定　　　0：内部スキャン

❷ CCA 〔アドレス：0x01　デフォルト値：0x40〕

■XTLA_INJ[7:6]：クロック種

　01：矩形波　　　00：正弦波

❸ VOL_CTL 〔アドレス：0x14　デフォルト値：0x47〕

■TC：デエンファシス

　1：75μs　　　0：50μs

■GAIN_DIG：デジタル部ゲイン

　101：− 5dB　　　100：− 4dB　　←　カット

　011：− 3dB　　　010：− 2dB　　←　カット

　001：− 1dB　　　000：0dB

■GAIN_ANA：アナログ部ゲイン

　111：0dB　　　110：− 6dB

　101：− 12dB　　　100：− 18dB　　←　カット

　011：− 24dB　　　010：− 30dB　　←　カット

　001：− 36dB　　　000：− 42dB　　←　カット

❹ CH_STEP 〔アドレス：0x0A　デフォルト値：0x7A〕

■CH[9:8]

　CH[9:8]：周波数上位

❺ CH 〔アドレス：0x07　デフォルト値：0x30〕

■CH[7:0]

　CH[7:0]：周波数下位

　CH[9:0]で設定周波数を決定する

　　　$Freq = CH[9:0] \times 0.05 + 60$ 〔MHz〕

❻ SNR 〔アドレス：0x02〕

■SNRDB[7:0]

　SNRDB[7:0]：SNR　S/N比　dB

❼ RSSISIG 〔アドレス：0x03〕

■RSSISIG[7:0]

RSSISIG[7:0]：RSSI　dB μV

RSSISIG[7:0]で受信電波強度を表す

RSSISIG[7:0] − 43　dB μV

用語解説

・MPLAB Code
Configurator
　MCC と 略 す。PIC
マイコンの開発環境の
ひとつで、グラフィッ
ク画面で動作内容を
設定するだけで、初期
化関数や制御関数を
自動生成する。

　今回使用するPICマイコンで、このレジスタの設定と読み出しを実行する関
数が**表3.3.1**となります。1行だけで読み書きができますから、I²Cは簡単に使
うことができます。これらの関数はMPLAB Code Configuratorというコード
自動生成ツールで自動生成されたものです。

　この関数のパラメータ中のレジスタアドレス（reg）にp.53の各レジスタの
アドレスを記述し、設定の場合は設定値をdata部に記述します。読み出しの場
合は関数の戻り値として読み出したデータが戻されます。デバイスアドレス
（address）はQN8035は0x10に決まっています。

▼**表3.3.1**　I²C 制御関数

種類	関数の書式
読み出し	《機能》指定したデバイスの指定レジスタからデータを読み出す。 《書式》 　uint8_t I2C1_Read1ByteRegister(i2c1_address_t address, uint8_t reg); 　　address：デバイスのアドレス（QN8035 は 0x10） 　　reg　　：読み出すレジスタアドレス
書き込み	《機能》指定したデバイスの指定レジスタにデータを書き込む。 《書式》 　void I2C1_Write1ByteRegister(i2c1_address_t address, uint8_t reg, uint8_t data); 　　address：デバイスのアドレス（QN8035 は 0x10） 　　reg　　：設定するレジスタのアドレス 　　data　：設定データ

　さらに、局情報をEEPROMに保存し、次に起動したとき読み出すようにし
ますが、このEEPROMを読み書きする関数が**表3.3.2**となります。これらも自
動生成されたものです。使う場合に注意が必要なことはアドレスの範囲で、
0xF000から0xF0FFまでとなります。

アドバイス

　このアドレスの上位
8ビットでメモリを区別
しているので、0xF0XX
とF0とする必要があ
ります。

▼**表3.3.2**　EEPROM 制御関数

関数名	書式と使い方
データ 書き込み	《機能》EEPROM の指定アドレスに 1 バイトのデータを書き込む。 　　　　アンロックシーケンスを含む。完了まで数 msec かかる。 《書式》void DATAEE_WriteByte(uint16_t bAdd, uint8_t bData); 　　　　bAdd　：メモリアドレス (0xF000 ～ 0xF0FF) 　　　　bData：書き込むデータ 《使用例》DATAEE_WriteByte(0xF010, 0xAA);
データ 読み出し	《機能》EEPROM の指定アドレスから 1 バイト読み出す。 《書式》uint8_t DATAEE_RedaByte(uint16_t bAdd); 　　　　bAdd　：メモリアドレス (0xF000 ～ 0xF0FF) 《使用例》data = EEDATA_ReadByte(0xF010);

これらの関数を使ったQN8035の初期化のプログラム部が**リスト3.3.1**となります。

最初のタイマ0の割り込み処理関数は、1秒ごとにタイマ0の割り込みで呼び出され、表示の更新に使われます。

続くのがメイン関数の初期化部で、全体の初期化と割り込み関連の処理[1]を実行してから、QN8035の初期化を実行しています。

39行目からの初期化部の4行の設定[2]で、とりあえずラジオを聴く準備が完了し、他の設定はあらかじめ決まっている値のままとします。

次に、ラジオ局は46行目と47行目の2行で周波数を設定して選択しています。ここでは、局リストの番号がEEPROMに保存されていますので、44行目で保存データを読み出し、読み出した番号の局リスト[3]に保存されている周波数データ（freq）を取り出し、45行目で設定値（CH）に変換してからレジスタに設定[4]しています。この変換は【制御レジスタ】の❺の変換式を元にして、次の計算式で求めています。右辺は浮動小数ですので結果を整数に変換します。

$$CH[9:0] = (Freq - 60) \div 0.05$$

最後の48行目で液晶表示器への表示を実行しています。液晶表示器の制御方法については次の節で説明します。

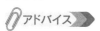

※1:
TMR0_SetInterrupt
Handler
（TMR0_Process）という関数で、タイマ0の割り込み処理関数がTMR0_Processであることを指定します。これで割り込みが入るごとにTMR0_Process関数が実行されます。

※2：図3.3.2のレジスタを設定しています。

参考

※3：局リストは「周波数、局名」の組で登録されています。

※4：【制御レジスタ】の❹と❺に設定します。

▼リスト3.3.1　QN8035の初期化部

```
22  /************************************
23   * タイマ0 Callback関数　1秒周期
24   ************************************/
25  void TMR0_Process(void){
26      Flag = 1;
27  }
28  /********** メイン関数 ****************************/
29  void main(void){
30      SYSTEM_Initialize();
31      // タイマ0のCallback関数定義
32      TMR0_SetInterruptHandler(TMR0_Process);
33      // 割り込み許可
34      INTERRUPT_GlobalInterruptEnable();
35      INTERRUPT_PeripheralInterruptEnable();
36      // 液晶表示器初期化
37      lcd_init();
38      // QN8035 初期化
39      I2C1_Write1ByteRegister(0x10, 0x00, 0x00);  // 初期化
40      I2C1_Write1ByteRegister(0x10, 0x01, 0x80);  // デジタルクロック
41      I2C1_Write1ByteRegister(0x10, 0x14, 0x07);  // Volume Max
42      I2C1_Write1ByteRegister(0x10, 0x00, 0x11);  // 受信有効　CH設定
43      // 初期ラジオ局設定　EEPROMから読み出す
44      Index = DATAEE_ReadByte(0xF001);            // 0xF001番地から読み出す
45      CH = (uint16_t)((FMstation[Index].freq - 60) / 0.05);
46      I2C1_Write1ByteRegister(0x10, 0x0A, (uint8_t)(CH >> 8));
47      I2C1_Write1ByteRegister(0x10, 0x07, (uint8_t)(CH & 0xFF));
48      Disp();                                     // 局表示
```

局情報を液晶表示器に表示する関数（Disp）部が**リスト3.3.2**になります。

最初に104行目と105行目で現在選択中の局の周波数を読み出し、106行目で実際の周波数に変換しています。続いてSNRとRSSIを読み出し[1]ています。その後、液晶表示器に表示するためにLine1とLine2の2行の文字列に変換してから液晶表示器への表示を実行しています。

アドバイス

※1：【制御レジスタ】の❻と❼のレジスタです。106行目で実際の周波数に変換しています。

▼リスト3.3.2　局情報表示サブ関数

```
 96  /*********************************
 97   * レベル、周波数、局名表示サブ
 98   *********************************/
 99  void Disp(void){
100      uint8_t CHL, CHH, SNR, RSSI;
101      double Freq;
102
103      // 周波数取得
104      CHL = I2C1_Read1ByteRegister(0x10, 0x07);
105      CHH = I2C1_Read1ByteRegister(0x10,0x0A) & 0x03;
106      Freq = (CHH*256 + CHL)*0.05 + 60;          // 周波数に変換
107      // レベル取得
108      SNR = I2C1_Read1ByteRegister(0x10, 0x02);
109      RSSI = I2C1_Read1ByteRegister(0x10, 0x03) - 43;
110      // 文字列に変換
111      sprintf(Line1, "F= %3.1f  SNR= %2d", Freq, SNR);
112      sprintf(Line2, "%s", FMstation[Index].name);
113      // 表示実行
114      lcd_cmd(0x80);                             // 1行目指定
115      lcd_str(Line1);                            // 1行目表示
116      lcd_cmd(0xC0);                             // 2行目指定
117      lcd_str(Line2);                            // 2行目表示
118  }
```

これだけの処理で基本的な動作でQN8035を使うことができますので、意外と簡単に使うことができます。

▶▶ 3-3-3 │ 液晶表示器の使い方

本書で作成した液晶表示器の制御関数が**表3.3.3**となります。これらの関数は、大部分のキャラクタ表示の液晶表示器に使えます。lcd_cmd()関数で使うコマンドには、このほかにもあり、ブリンク制御や文字サイズ変更なども可能です。詳細は液晶表示器のデータシートを参照してください。

▼表 3.3.3　液晶表示器制御関数

関数名	機能内容と書式
lcd_cmd	《機能》液晶表示器に対する制御コマンドを出力する。 《書式》void lcd_cmd(unsigned char cmd); 　　　　　　cmd：8 ビットの制御コマンド 《使用例》 　　lcd_cmd(0x01);　　// 全消去 　　lcd_cmd(0x02);　　// カーソルホーム 　　lcd_cmd(0x80);　　// 1 行目にカーソルを移動する 　　lcd_cmd(0xC0);　　// 2 行目にカーソルを移動する
lcd_data	《機能》液晶表示器に表示データを出力する。 《書式》void lcd_data(unsigned char data); 　　　　　　data：ASCII コードの文字データ 《使用例》 　　lcd_data('A');　　// 文字 A を表示する
lcd_init	《機能》液晶表示器の初期化処理を行う 《書式》void lcd_init(void);　　// パラメータなし
lcd_str	《機能》ポインタ ptr で指定された文字列を出力する。 《書式》void lcd_str(unsigned char* ptr); 　　　　　　ptr：文字配列のポインタ、文字列直接記述は Warning が出る 《使用例》 　　StMsg[]=" Start!!" ;　　// 文字列の定義 　　lcd_str(StMsg);

　実際の液晶表示器の制御プログラムの説明をします。液晶表示器はI^2C通信で制御しますので、ラジオICと同じような制御となります。使う関数も**表3.3.1**と同じとなります。液晶表示器のI^2C制御は**図3.3.2**のような手順でデータを送る[1]必要があります。

参考

※1：液晶表示器の場合はマスタからの送信のみで受信はありません。

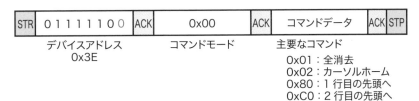

▲図 3.3.2　液晶表示器の I^2C データフォーマット

　このフォーマットに従って作成した液晶表示器の基本の制御プログラムがリスト3.3.3となります。**表3.3.1**の関数を使って前述した【制御レジスタ】の通りのデータを送信しています。送信後それぞれの機能が完了するまで一定時間の待ち時間を挿入しています。全消去とカーソルホーム[2]の場合だけ長い時間を必要とします。

参考

※2：液晶表示器の左上（先頭）にカーソルを移動します。

▼リスト **3.3.3** 液晶表示器制御関数

```
118  /*******************************
119   * 液晶へ1文字表示データ出力
120   *******************************/
121  void lcd_data(unsigned char data){
122      I2C1_Write1ByteRegister(0x3E, 0x40, data);
123      __delay_us(30);                    // 処理待ち遅延
124  }
125  /*******************************
126   * 液晶へ１コマンド出力
127   *******************************/
128  void lcd_cmd(unsigned char cmd){
129      I2C1_Write1ByteRegister(0x3E, 0x00, cmd);
130      /* ClearかHomeのとき長遅延 */
131      if((cmd == 0x01)||(cmd == 0x02))
132          __delay_ms(2);                 // 2msec待ち
133      else
134          __delay_us(30);                // 30μsec待ち
135  }
```

　液晶表示器の初期設定部（lcd_init）と、文字列を表示する関数が**リスト3.3.4**となります。初期化の手順はデータシートに従っています。コントラストの制御は、電源電圧によって変わりますので電圧に応じてコメントアウトする行を変更する必要があります。文字列の出力関数（lcd_str）は文字列の配列の最後にある0x00[※1]がくるまで繰り返すことで文字列全体を出力します。

アドバイス

※1：文字配列の最
後には自動的に0x00
が追加されています。

▼リスト **3.3.4** 液晶表示器制御関数

```
136  /********************************
137   *  液晶表示器　初期化関数
138   ********************************/
139  void lcd_init(void){
140      __delay_ms(150);                   // ハード初期化待ち
141      lcd_cmd(0x38);                     // 8bit 2line Normal mode
142      lcd_cmd(0x39);                     // 8bit 2line Extend mode
143      lcd_cmd(0x14);                     // OSC 183Hz BIAS 1/5
144      /* コントラスト設定 */
145      lcd_cmd(0x70 + (CONTRAST & 0x0F));
146      lcd_cmd(0x5C + (CONTRAST >> 4));
147  //   lcd_cmd(0x6B);                    // Follower for 5.0V
148      lcd_cmd(0x6B);                     // Ffollwer for 3.3V
149      __delay_ms(300);
150      lcd_cmd(0x38);                     // Set Normal mode
151      lcd_cmd(0x0C);                     // Display On
152      lcd_cmd(0x01);                     // Clear Display
153  }
154  /*******************************
155   * 液晶表示器　文字列表示関数
156   *******************************/
157  void lcd_str(const unsigned char* ptr){
158      while(*ptr != 0)                   // 文字列最後まで
159          lcd_data(*ptr++);              // 文字表示実行
160  }
```

プログラムの残りの部分はメインループで、スイッチで局リストの上下を移動する処理と1秒ごとに受信レベルなどの表示を更新する処理となり、**リスト3.3.5**となります。この表示更新はタイマ0の割り込みの周期でFlagがセットされるので、セットされる都度実行されます。

アップ、ダウンスイッチの処理は、チャッタリングを回避したあと、Index変数で局リストの順番をアップダウンさせ、更新したIndexで選択された局リストから周波数と局名を取り出し、まず周波数をレジスタに設定し、その後、受信レベルと局名を表示しています。最後にEEPROMに新しいIndex値を保存しています。最後にスイッチオン時に1回だけIndexをアップダウンするようにスイッチがLowの間待ちます。Highになったらチャッタリングを回避するため一定時間待っています。

用語解説

・チャッタリング
　スイッチを押したときや離したとき、何回かオン/オフを短時間繰り返す現象のこと。

教えて

・**Lowの間待つ理由は**
　こうしないと連続してアップやダウンを繰り返してしまうためです。

▼リスト3.3.5　メインループ部

```
49        /******** メインループ *********************/
50        while (1) {
51            /*********** 局選択処理 *********/
52            // 局リストアップの場合
53            if(Up_GetValue() == 0){              // アップスイッチオンの場合
54                __delay_ms(100);                  // チャッタ回避
55                Index++;                          // インデックスアップ
56                if(Index >= Max)                  // 最後になったら
57                    Index = 0;                    // 最初に戻す
58                // 周波数設定
59                CH = (uint16_t)((FMstation[Index].freq - 60) / 0.05);
60                I2C1_Write1ByteRegister(0x10, 0x0A, (uint8_t)(CH >> 8));
61                I2C1_Write1ByteRegister(0x10, 0x07, (uint8_t)(CH & 0xFF));
62                Disp();                           // LCD表示更新
63                // EEPROMに保存
64                DATAEE_WriteByte(0xF001, Index);   // 0xF001番地に保存
65                // チャッタ回避
66                while(Up_GetValue() == 0);        // 押されている間待つ
67                __delay_ms(100);                  // チャッタ回避
68            }
69            // 局リストダウンの場合
70            if(Down_GetValue() == 0){            // ダウンスイッチオンの場合
71                __delay_ms(100);                  // チャッタ回避
72                if(Index == 0)                    // 最初の場合
73                    Index = Max-1;                // 最後に戻す
74                else                              // 最初でなければ
75                    Index--;                      // インデックスダウン
76                // 周波数設定
77                CH = (uint16_t)((FMstation[Index].freq - 60) / 0.05);
78                I2C1_Write1ByteRegister(0x10, 0x0A, (uint8_t)(CH >> 8));
78                I2C1_Write1ByteRegister(0x10, 0x07, (uint8_t)(CH & 0xFF));
80                Disp();
81                // EEPROMに保存
82                DATAEE_WriteByte(0xF001, Index);   // 0xF001番地に保存
83                // チャッタ回避
84                while(Down_GetValue() == 0);      // 押されている間待つ
85                __delay_ms(100);                  // チャッタ回避
86            }
```

```
87                    // 1秒ごとに受信レベル表示更新
88            if(Flag == 1){                        // 1秒周期
89                LED1_Toggle();                    // 目印
90                Flag = 0;
91                Disp();                           // 表示実行
92            }
93        }
94    }
```

以上が本製作例のプログラムの詳細となります。

▶ 3-3-4 | 局リストの作成方法

教えて

・なぜ 16 文字なのか
液晶表示器の1行が 16 文字だからです。

アドバイス

※1：文字数が短い場合は、半角スペースで調整してください。

アドバイス

※2：アップダウンの制御をこの定数を元にして制御しています。

アドバイス

※3：20局を超える場合は、[20] の数字を増加分の数字に合わせてください（減らす場合も同様）。

注意

本書のプログラムの「局リスト」は東京のラジオ局で設定しています。
地域によってラジオ局の周波数は違いますので、お住いの視聴可能なラジオ局の周波数とラジオ局名に変更してください。なおラジオ局の周波数はインターネットで調べることができます。

本製作例では局リストを元にして局選択を行っています。この局リストの作成方法を説明します。

局リストの基本は、全体を構造体の配列として構成していて、**リスト3.3.6**の5行目からのような構造となっています。つまり周波数と局名のペアを構造体として定義し、複数の局を配列として定義しています。このペアを登録すれば局は自由に追加削除ができます。注意が必要なことは、**局名は常に16文字とする**ことです。短いと※1他の局の表示が残り、多いと乱れた表示となってしまいます。

また局リストを変更したら、main関数のMax変数※2の値を新しい局数に変更する必要があります。局の配列として20局まで用意していますが、これ以上になる場合は**FMKyoku.FMstation[20]**※3のインデックス20を変更してください。

▼ リスト **3.3.6** 局リストの構造体

```
1   /*******************************
2    * FM Radio List
3    *    周波数、局名
4    *******************************/
5   struct FMKyoku{
6       double freq;        // 局周波数
7       uint8_t name[17];   // 局名称
8   };
9
10  struct FMKyoku FMstation[20] = {
11      76.1,  "Inter FM          ",   ◀── 局名は16文字（文字数が
12      76.5,  "Inter FM 897      ",       短い場合は、半角スペース
13      78.9,  "Shounan Beach FM  ",       で調整してください）
14      79.5,  "NACK5             ",
15      80.0,  "TOKYO FM          ",
16      81.3,  "J-WAVE            ",
17      81.9,  "NHK FM Kanagawa   ",
18      82.5,  "NHK FM Tokyo      ",
19      84.7,  "FM Yokohama 84.7",
20      85.9,  "FM Fuji           ",
21      86.6,  "FM TOKYO          ",
22      90.5,  "TBS Radio         ",
23      91.6,  "Bunka Housou      ",
24      92.4,  "Radio Nippon      ",
```

```
25       93.0, "Nippon Housou    ",
26       95.4, "TBS Radio        ",
27     };
```

 参照

「局リスト」の変更方法は、「3-3-5 コンパイルと書き込みの仕方」の(1)を参照してください。

 注意

第3章で製作するラジオはFM（ワイドFM対応）専用ラジオです。
ダウンロードする「Radio.h」のリスト中、29行以降にAM放送の「周波数、局名」が入っていますが、第3章ではここを変更してもAM放送を聴くことはできません。

▶▶ 3-3-5 │ コンパイルと書き込みの仕方

（1）局リストの書き換え

　本書の第3章と第5章で利用する「局リスト」は「東京の放送局」で設定しています。よって、「**東京の放送局**」のラジオ放送を聴くことができない場所では、「**局リスト**」の書き換えが必要になります。お住いの視聴可能なラジオ局の周波数をお調べいただき、「局リスト」の周波数とラジオ局名を変更してください。

　例えば大阪の放送局に変更するには、第3章と第5章のプログラム一式中の「Radio.h」の「**局リスト**」の部分を書き換えます。

参考

ラジオ局の周波数は、インターネット等で調べてください。

【例】

```
struct FMKyoku FMstation[20] = {
    76.5, "FM COCOLO       ",    ◀──── 局名は16文字（文字数が
    80.2, "FM 802          ",              短い場合は、半角スペース
    85.1, "fm osaka        ",              で調整してください）
    88.1, "NHK FM osaka    ",
    90.6, "MBS Radio       ",
    91.9, "Radio Osaka     ",
    93.3, "ABC Radio       ",
```

COLUMN 「Radio.h」・局リストの書き換え

〔本書で登録している放送局の放送を聴くことができない場合書き換えてください〕
・第2章：AM/FMラジオ
　（PICの使用はないため、「Radio.h」の書き換えはなし）
・第3章：FM（ワイドFM対応）ラジオ
　（ワイドFMの周波数まで書き換え可能。AM局の書き換えは不要）
・第4章：AM/FM（ワイドFM対応）ラジオ
　（スキャン式なので書き換えません）
・第5章：FM（ワイドFM対応）ラジオ
　（ワイドFMの周波数まで書き換え可能。AM局の書き換えは不要）

本書で製作するラジオは AM 局を書き換えても 526kHz 〜 1.6MHz 帯の AM 放送を聴くことはできません。FM へ移行した放送局であれば、第 3 章〜第 5 章の FM ラジオ（ワイド FM 対応）で聴くことができます（第 3 章、第 5 章は、「Radio.h」に 76.1MHz 〜 94.9MHz の放送局名を登録（書き換え）してください）。

（2）コンパイル

Radio.h ファイルの更新が完了したら**コンパイル**作業ができます。コンパイルは MPLAB X IDE のメインメニューのアイコンで実行させることができます。コンパイルに関連するアイコンは図3.3.3のようになっています。

〔**全クリア後コンパイル**〕アイコンでコンパイルし、正常にコンパイルが完了したら〔**ダウンロード（書き込み）**〕アイコンで書き込みを実行します。

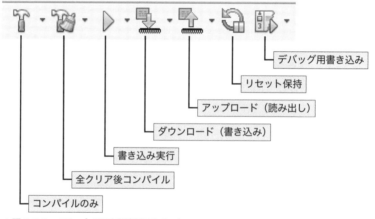

▲**図3.3.3** コンパイル実行制御アイコン

コンパイルすると、コンパイル状況と結果がMPLAB X IDEの「Output」窓に表示されます。「**BUILD SUCCESSFUL**」という緑色のメッセージが表示されれば正常にコンパイルができたことになり、オブジェクトファイルが生成されています。

コンパイルエラーがある場合には、赤字で「**BUILD FAILED**」と表示され、そのエラー原因が上のほうに青字のerror行で表示されます。この青字のerrorの行をクリックすれば、エラー発見行に自動的にカーソルがジャンプします。また、ソースファイルには、エラーが検出された行番号に赤丸印が付きますので、こちらでもエラー個所がわかるようになっています。コンパイルが正常に完了しない限りオブジェクトファイルは生成されませんので、とにかくコンパイルが正常に完了するまで訂正しながら完了させる必要があります。

（3）書き込み実行

正常にコンパイルできたら、プログラムをPICマイコンに書き込み、実機での動作確認となります。このプログラムの書き込みにだけ**プログラマ**というハードウェアツールが必要となります。使えるプログラマは、PICkit3、PICkit4、

・**コンパイル**
実行可能なファイルに変換すること。

アドバイス

まずプログラムリストをコンパイルし、次に、コンパイルしてできあがった実行可能なファイル(Hexファイル)をPICマイコンに書き込んでください。

アドバイス

MPLAB X IDE をパソコンにインストールして使用します。MPLAB X IDEのインストール方法、使い方は本書では詳細を記述していません。関連書またはネットでお調べください。

アドバイス

・「**コンパイルできない**」どうして？
プログラマの接続用のヘッダピン周りの配線と PIC の電源の確認をしてください。
また、3 端子レギュレータの足が正しい向きで実装されているか確認してください。

プログラマは、PICkit3、PICkit4、MPLAB SNAP、MPLAB ICD3、MPLAB ICD4のいずれかを使用してください。

MPLAB SNAP、MPLAB ICD3、MPLAB ICD4のいずれかとなります。

ブレッドボードにICSP用のヘッダピンとして実装したのは6ピンのものです。どのプログラマの場合も、書き込みの際には、**プログラマの▼印の1ピンを、ブレッドボードのヘッダピンの1ピン側に合わせて挿入**します。これで問題なく書き込みができるようになります。

書き込みの手順は次のようにします。その前にブレッドボードに電池を接続して電源を供給しておきます。

■ ダウンロードアイコンで開始し、ツールを選択する

書き込みツール（プログラマ）が未接続の場合はここでパソコンに接続します。例ではPICkit4を使います。PICkit4をパソコンのUSBに接続後、MPLAB X IDEの〔ダウンロード（書き込み）〕アイコンをクリックすれば書き込みが開始されます。

異なるToolを使う場合には、図3.3.4のダイアログで選択するように要求されますから、ここでお使いのTool、ここではPICkit4で説明します。

▲図3.3.4　プログラマの選択

これで先に進むと、図3.3.5の確認ダイアログが表示されます。これはVDDが3.6V系と5V系があるので電源の確認を促すものです、確認しOKとします。

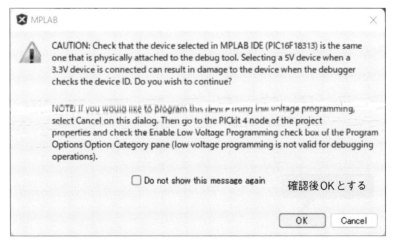

▲図3.3.5　電源電圧の確認ダイアログ

アドバイス
ブレッドボードに取り付けたICSP用のヘッダピン（6ピン）に接続します。

アドバイス
プログラマには、1番ピンを示す「▼」印が描かれています。「▼」印をヘッダピンの1ピン側に合わせてください。

参考
プログラマをブレッドボードに接続してください。

参考
ここでは「MPLAB X IDE」での書込み方法を解説しました。「MPLAB X IPE」で書き込むこともできます（付録B参照）。

これで書き込みが開始されます。書き込みの状況と結果がOutput窓に表示されます。正常に書き込みが完了した場合には、図3.3.6のように「Verify Complete」と表示され、すぐ実行が開始されます。

```
Output  ×  Notifications    Search Results
PICkit 4-ColorLED  ×    MPLAB® Code Configurator  ×    ColorLED (Build, L

Connecting to MPLAB PICkit 4...

Currently loaded versions:
Application version............00.06.87
Boot version..................01.00.00
Script version................00.04.48
Script build number...........7acb7c9d66
Tool pack version ............1.8.1120
Target voltage detected
Target device PIC16F18313 found.
Device Revision Id  = 0x2006

Calculating memory ranges for operation...
                          書き込みメモリ範囲など
Erasing...

The following memory area(s) will be programmed:
program memory: start address = 0x0, end address = 0x1f
program memory: start address = 0x760, end address = 0x7ff
configuration memory

Programming/Verify complete
```

▲図3.3.6　正常に書き込みが完了した場合

ブレッドボードとプログラマが接続されていない場合や、ブレッドボードの電源が接続されていない場合には、図3.3.7のように警告メッセージが表示されますので、正常に戻してから再度書き込みを実行します。

```
**************************************************

Connecting to MPLAB PICkit 4...

Currently loaded versions:
Application version............00.06.87
Boot version..................01.00.00
Script version................00.04.48
Script build number...........7acb7c9d66
Tool pack version ............1.8.1120

The configuration is set for the target board to supply its own power but no voltage has been detected on VDD.
Connection Failed.
```

▲図3.3.7　接続異常の場合

第**4**章

周波数スキャン式
AM/FMラジオの製作

電子工作・難易度〔★★★★★〕

　第4章では、DSPラジオICとマイコンを組み合わせた
AM/FMラジオを製作します。アップ、ダウンスイッチで周波
数を連続的にスキャンする方法で製作します。

4-1 全体構成と機能

 参考

AKC6955でネット検索すると英文のデータシートが見つかります（DSP6955は中国語のデータシートしかありません）。

　使うICは「DSP6955（AKC6955）」というQ-Technology（AKC technology）社のAM/SW/FMが受信可能なDSPラジオICを使います。24ピンで小型パッケージなので（表面実装型の部品）、やはり変換基板に実装して使いますが、ピン数が多いのでやや実装が難しいかもしれません。実装方法は付録を参照してください。

　完成した全体外観が**写真4.1.1**となります。右側から、マイコン部、ラジオIC部、AMバーアンテナ部となります。

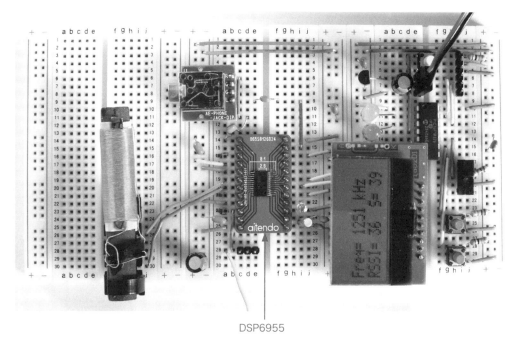

DSP6955

▲ 写真 4.1.1　周波数スキャン方式 AM/FM ラジオの外観

 参考

　変換基板は aitendo の「065S8126D24」（0.65mm ピッチ、24 ピン）を使用しました。

参考

Freq ：周波数
RSSI：受信信号強度
S 　 ：受信レベル（dBμV）

参考

　電池ボックスのリード線にコネクタ用ハウジング（3P）を取り付けると便利です（第2章参照）。

全体の構成は**図4.1.1**のようにしました。このラジオICはAM/SW/FMとフルバンド対応なので、アンテナ用のピンが3ピンあります。今回はSWの短波帯は使わないことにしました。クロック用に32.768kHzのクリスタル発振子を使います。また、このICは局に同調するとTunedのLEDが明るく点灯しますので（Tuned＝4番ピンにLEDを接続）、周波数スキャンしても局発見がわかりやすくなっています。

マイコンは他の製作例と同じPIC16F18326を使っています。回路構成も同じとなっています。液晶表示器には周波数と受信レベルを表示します。

AMとFMの切り替えはスライドスイッチ（**図4.1.1**中のBAND）を使い、周波数のスキャンにはUpとDownのスイッチ（タクトスイッチ）を使います。

電源は単3電池3本で供給し、3端子レギュレータ（MCP1702、またはLM2950G-3.3）で3.3Vを生成して全体を3.3Vで動作させています。

LED2とLED3はプログラムのテスト用に使います。**ICSP**のピンヘッダ（6ピン）はプログラムの書き込み用ツール（プログラマ）を接続してプログラムを書き込むのに使います。ここにマイコンのリセットスイッチも接続しています。

・SW の短波帯は使いません。 大型のアンテナを使ったり、前段にプリアンプを追加したりしないと十分な感度が得られないため使用しません。

・RSSI（受信信号強度）

プログラマは、PICkit3、PICkit4、SNAP、ICD3、ICD4のいずれかを使用してください。

書き込み方の詳細は付録を参照してください。

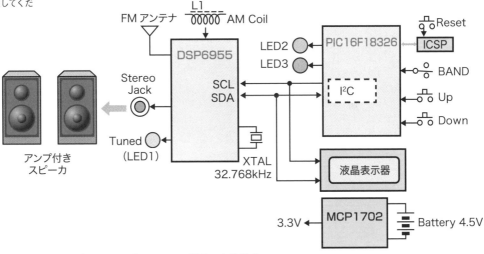

▲図 4.1.1　周波数スキャン式 AM/FM ラジオの全体構成

3端子レギュレータを使用する前に、データシートでピン配置を確認してからボードに実装してください。

MCP1702 が入手困難な場合は、LM2950G-3.3 が使用できます。

LED2 と LED3 はプログラムのテスト用の LED です。

4-2 ハードウェアの製作

マイコン部の部品は第3章と同じものを使用しました。ここではラジオ部の部品の説明をいくつかしておきます。

注意

出力インピーダンスが高くなっているので、ヘッドフォンは駆動できません。
アンプ付きスピーカに接続してください。

使用するラジオIC「AKC6955」の仕様は**図4.2.1**のようになっています。受信周波数が広くオールバンドの受信が可能です。局選択、音量調整はI²Cでマイコンから制御しますが、音量調整だけは外付けのボリュームで行うこともできます。音声出力はステレオ出力ですが、出力インピーダンスが高くなっていますので、**ヘッドフォンは駆動できません。アンプ付きスピーカなどに接続する**必要があります。

受信周波数：FM　64MHz～108MHz
　　　　　　SW　3.2MHz～21.9MHz
　　　　　　AM　520kHz～1730kHz
　　　　　　LW　150kHz～285kHz

電源電圧　：2.0V～4.5V　LDO 内蔵
消費電流　：34mA

出力　　　：L/R 独立　ハイインピーダンス
接続方式　：I²C インターフェース　Max 400kHz
発振子　　：32.768kHz　±100ppm
　　　　　　または　12MHz　±20ppm
パッケージ：24 ピン TSSOP　0.65mm ピッチ

▲ 図 4.2.1　AKC6955 の仕様

作成した全体回路図が**図4.2.2**となります。マイコン部、ラジオ部、AMバーアンテナ部で分けてブレッドボードに実装し、連結して使う前提で構成しています。

参考

FM と AM に限定しました。

ラジオ部はFMとAMに限定してSWは省略しました。FMはアンテナだけで受信できますが、ややノイズに弱い感じです。LED1は局に同調すると明るく光ります。オーディオ出力には直流電圧が含まれていますので、C4とC5で交流成分だけとしてステレオジャックで出力しています。

マイコン部は第3章と同じ構成です。この製作例ではS2のスライドスイッチでBAND（周波数帯）を切り替えます。

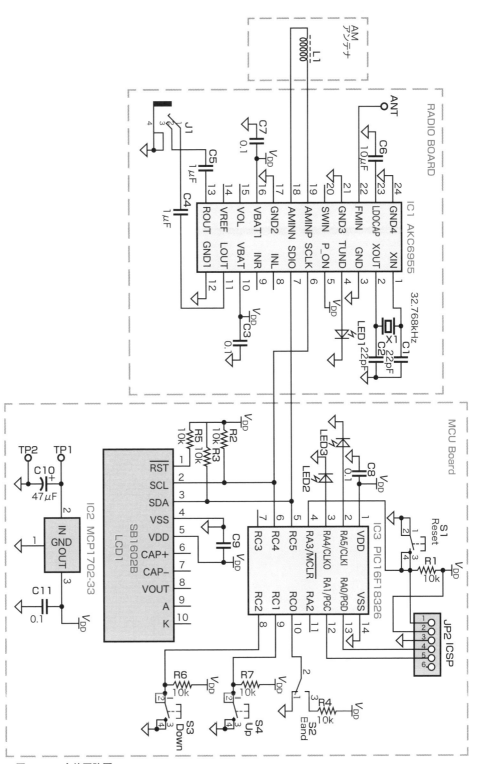

▲図 4.2.2　全体回路図

この回路を3個のブレッドボードに実装します。表4.1.1のバーアンテナは AMバーアンテナ部に搭載します。

注意

本書に掲載した部品の情報は本書の執筆時のものです。変更、終売になっていることもありますので、各ショップのwebサイト、HPにて最新の情報をご確認ください。

参考

LED1は抵抗内蔵LEDではありません。

参考

「全体回路図」「全体組立図」「配線を完了したブレッドボードの写真」を、技術評論社のWebサイト「書籍案内」本書の『サポートページ』に掲載してあります（p.2参照）。製作時の確認用にご利用ください。

▼表4.1.1　ラジオ部、AMバーアンテナ部の部品表

記号	部品種類	品名、型番	数量	入手先
IC1	DSP ラジオ IC	AKC6955 （DSP6955）	1	aitendo
	変換基板	ピッチ変換基板 （0.65/24P）（065S8126D24）	1	
L1	AM バーアンテナ	BT500DH	1	
X1	クリスタル発振子	32.768kHz	1	秋月電子通商
LED1	LED	3mm 赤　OSR7CA3131A	1	
J1	3.5mm ジャック	AE-PHONE-JACK-DIP	1	
C1,C2	コンデンサ	セラミック　22pF　50V	2	
C3,C7		積層セラミック　0.1μF 50V	2	
C4,C5		積層セラミック　1μF　50V	2	
C6		積層セラミック　10μF 50V	1	
その他	ブレッドボード	EIC-801	2	
	ヘッダピン	片側ロング 2.54 ピッチ 12 ピン×2	1	
	ジャンパワイヤ	14 種類× 10 本 （共用） EIC-J-L	1	

▼表4.1.2　マイコン部の部品表

記号	部品種類	品名、型番	数量	入手先
IC3	マイコン	PIC16F18326-I/P	1	秋月電子通商
IC2	3 端子レギュレータ	MCP1702-3302E/TO または LM2950G-3.3	1	マイクロチップ 秋月電子通商
LED2	抵抗内蔵 LED	緑　OSG55154A-VV	1	秋月電子通商
LED3		青　OSB55154A-VV	1	
LCD1	液晶表示器	SB1602B バックライトなし #27001	1	ストロベリー リナックス
S1,S3,S4	タクトスイッチ	基板用小型　黄、赤、緑	各1	
S2	スライドスイッチ	SS-12SDP2	1	
JP1	ヘッダピン	両端ロング 2.54 ピッチ 6 ピン	1	
R1,R2,R3 R4,R5,R6, R7	抵抗	10kΩ　1/4W	7	秋月電子通商
C8,C9,C11	コンデンサ	積層セラミック 0.1μF　50V	3	
C10		電界コンデンサ 47μF　25V	1	

参考

JP1はICSP用に取り付ける6ピンのヘッダピンです（両端ロングピンヘッダ）。

参考

C10を電界コンデンサ（47μF）にしましたが、第3章と同じ積層セラミック（1uF）としてもかまいません。

その他	ブレッドボード	EIC-801（BB-801）	1		
	ヘッダピン	両端ロングヘッダピン 3ピン	1		
	ジャンパワイヤ	14種類×10本（共用） EIC-J-L	1		秋月電子通商
	電池ボックス	単3×3個用 リード線、スイッチ付き	1		
		コネクタ用ハウジング（3P）	1		
		ケーブル用コネクタ	2		
	電池	単3型アルカリ電池	3		

　ブレッドボードの配線は**図4.2.3**のようにします。実際に配線が完了したブレッドボードが**写真4.2.2**（p.73）となります。液晶表示器とステレオジャックを外した状態です。

　AMバーアンテナは裏面にツメがあってブレッドボードに挿入する際に邪魔になりますので、ニッパで切断しています。FMアンテナの接続用に3ピンのヘッダピン[1]を追加していますが未使用です。

アドバイス

※1：FMアンテナ
用に追加しました。

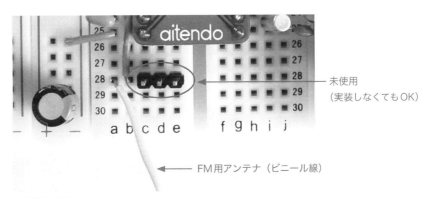

未使用
（実装しなくてもOK）

FM用アンテナ（ビニール線）

▲ 写真 4.2.1

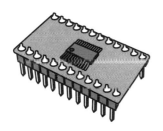

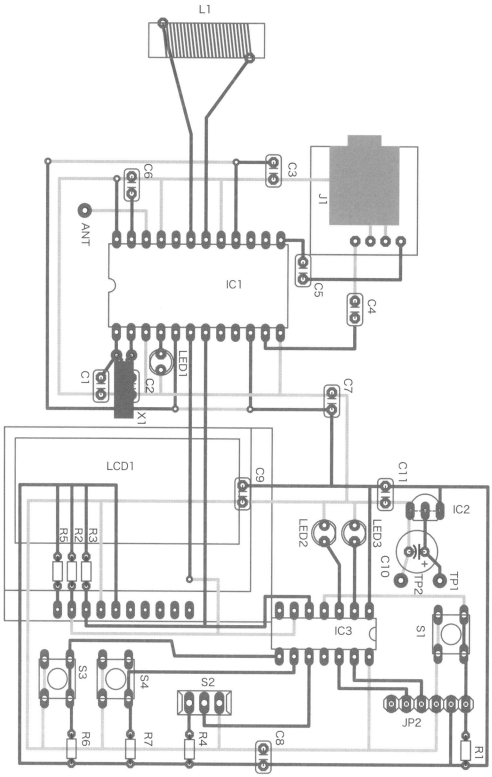

▲図 4.2.3　全体組立図

参考

「全体回路図」「全
体組立図」「配線を完
了したブレッドボード
の写真」を、技術評
論社の Web サイト「書
籍案内」本書の『サポー
トページ』に掲載して
あります（p.2 参照）。
製作時の確認用にご
利用ください。

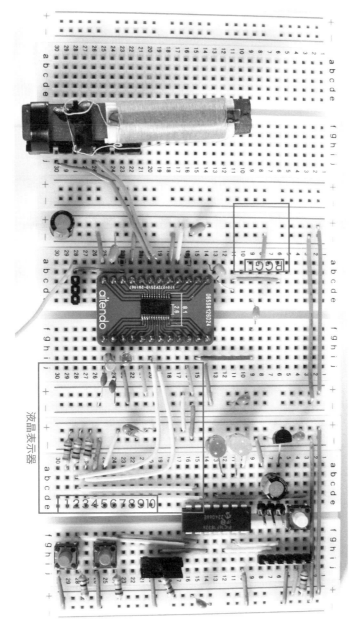

▲写真 4.2.2　配線を完了したブレッドボード

4-3 ソフトウェアの製作

▶▶ 4-3-1 プログラムの全体構成

参考

プログラムは、技術評論社の Web サイトよりダウンロードできます（p.2 参照）。
プロジェクト名「DSP6955_Ver2」にプログラム一式を入れてあります。

本製作例のプログラム全体のフローは**図4.3.1**となります。プロジェクト名は「**DSP6955_Ver2**」となります。

main関数は簡単な構成で、最初にBANDサブ関数を呼び出してFM/AM切り替えとAKC6955（DSP6955）の初期設定をしています。メインループのアップダウン処理（UpDown）と情報表示（Disp）の部分は、それぞれサブ関数として作成しています。0.5秒ごとのタイマ0の割り込みでFlag変数がセットされ、その都度メイン関数の最後で液晶表示器の表示内容を更新しています。

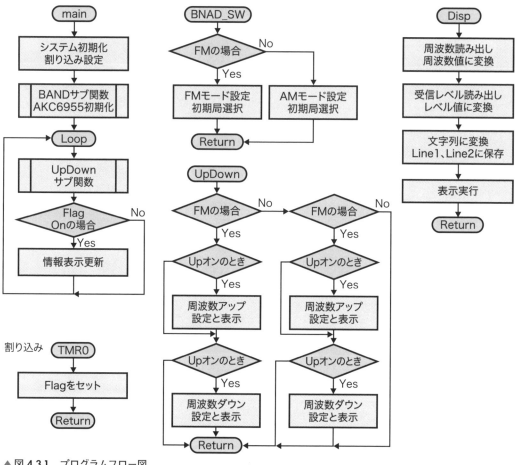

▲ 図 4.3.1　プログラムフロー図

▶▶ **4-3-2** | ラジオ IC の使い方

参考

AKC6955 のレジスタの詳細はデータシートを参照してください。

アドバイス

※1：次の制御のために 0 に戻しておく必要があります。

アドバイス

※2：90MHz から 95MHz に配置されています。

参考

※3：スライドスイッチでバンド（FM/AM）を切り替えます。

アドバイス

※4：音量は、アンプ付きスピーカのアンプ部のボリュームで調整します。

このAKC6955はI²Cというシリアル通信で制御しますが、IC内部にレジスタと呼ばれる設定や状態の記憶部が数多くあり、そのレジスタを設定することで動作モードが決まり、レジスタ内容を読み出すことで状態を知ることができます。この設定や状態読み出しをI²C通信で行います。

I²C通信で読み書きするレジスタには多くの種類がありますが、本書で扱うものは後述する【制御レジスタ】となります。

このラジオICの制御が他のICと異なるところは、選択する周波数をアドレス 0x02 と 0x03 のレジスタで設定しただけでは周波数は変わらず、アドレス 0x00 のレジスタのTUNEビットに1を書き込む※1と、それがトリガになって周波数が変わるところです。

また、非常に広範囲の周波数を受信できるようになっていますが、アドレス 0x01 のレジスタで周波数帯を指定することで、バンドが決まります。本製作例では、AMはフルバンドで9kHzステップを選択して、日本の放送局の周波数ステップに合わせています。FMの方は、ワイドFM※2も受信できるように 108MHzまで受信できるバンドを選択しています。

さらにFMでは、アドレス0x07のレジスタで、デエンファシスを50μsecとし、帯域を200kHzとして音質がよくなる方向としています。

あとはBANDのスライドスイッチ※3に従って、アドレス0x00のレジスタでFMかAMかを設定することで受信周波数帯を切り替えます。

音量※4もアドレス0x06のレジスタで設定できますが、本製作例では最大音量のままとしています。

参考

青字の部分は本書の設定になります。

制御レジスタ

❶〔アドレス：0x00　デフォルト値：0x4C〕

■FM_EN：バンド選択

　　1：FM　　　0：AM

■TUNE：チューニング開始

　　0→1：開始

❷〔アドレス：0x01　デフォルト値：0x10〕

■AMBAND[7:3]：AM バンド設定

　　00001：520〜1710kHz　5k ステップ

　　00010：522〜1620kHz　9k ステップ

　　00011：520〜1710kHz　10k ステップ

■FMBAND[7:3]：FM バンド設定

　　000：1.87〜108MHz

　　001：2.76〜108MHz

　　010：3.70〜93MHz

❸〔アドレス：0x02　〔デフォルト値：0x4A〕

■REFCLK：クロック選択

1：32.768kHz　　　0：12MHz

■CH[12:8]で設定周波数を決定する

FMの場合：Freq = CH[12:0] × 0.025 + 30 (MHz)

AMの場合：Freq = CH[12:0] × 3 (kHz)

❹〔アドレス：0x03　デフォルト値：0xC8〕

■CH[7:0]：設定周波数下位

❺〔アドレス：0x06　デフォルト値：0xA1〕

■VOL[7:3]：音量調整

0〜24：Mute　　24〜63：1.5dB Step

■INV：Audio位相反転

1：反転　　0：正

❻〔アドレス：0x07　デフォルト値：0xA1〕

■DE：デエンファシス

1：75μs　　0：50μs

■BASS：低音ブースト

1：あり　　0：なし

■STEREO[3:2]：

00：自動選択　　10：ステレオ　　x1：モノラル

■BW[1:0]：FMバンド幅

00：150k　　01：200k　　10：50k　　11：100k

❼〔アドレス：0x09　デフォルト値：0x07〕

■ADC_VOL：外部音量調整

0：外部可変抵抗　　1：I2C

■OSC_EN：発振回路

0：外部発振器　　1：クリスタル

■LV_EN：電源

0：通常　　1：低電圧

❽〔アドレス：0x0B　デフォルト値：0xE0〕

■SPACE：サーチステップ

00：25kHz　　01：50kHz　　10：100kHz　　11：200kHz

❾〔アドレス：0x0D　デフォルト値：0x00〕

■ST_LED：LED制御

0：同調表示　　1：ステレオ表示

■VOL_PRE[3:2]：

00：0dB　　01：3.5dB　　10：7dB　　11：10.5dB

❿〔アドレス：0x18　　読み出しのみ〕

■PGA_RF[7:5]：RF Gain

■PGA_LF[7:5]：IF Gain

⓫〔アドレス：0x1B　　読み出しのみ〕

■FMの場合：$Pin(dB \mu V) = 103 - RSSI - 6 \times PGA\_RF - 6 \times PGA\_IF$

■AMの場合：$Pin(dB \mu V) = 123 - RSSI - 6 \times PGA\_RF - 6 \times PGA\_IF$

アドバイス

※1：ここではスライ
ドスイッチの変化を割
り込みで入力できるよ
うにしています。割り
込みごとに BAND_
SW() 関数を呼び出し
ます。
IOCCF0_setInterrupt
Handler(BAND_
SW); 関数で設定して
います。

アドバイス

※2：別の独立の関
数としています。

これらのレジスタの設定と読み出しは、第3章の**表3.3.1**と同じ関数で実行で
きます。デバイスアドレスも同じ0x10となっています。

以上の条件でプログラムを製作していきます。

最初のメイン関数部が**リスト4.3.1**となります。システム初期化のあと、液晶
表示器を初期化し割り込みを許可[1]しています。そしてBAND_SW()関数を呼
び出して、バンド切り替えとAKC6955の初期設定をしています。その後メイ
ンループに入って、スイッチによる周波数のアップダウンの処理をしています。
そしてタイマ0の0.5秒ごとの割り込みで受信情報表示を更新しています。この
ように主要な処理はすべてサブ関数[2]としています。

▼リスト 4.3.1　メイン関数部

```
26      /********************************
27       *  タイマ0 割り込み処理
28       *******************************/
29      void Timer0_ISR(void){
30          Flag = 1;
31      }
32      /********* メイン関数 ************************/
33      void main(void)
34      {
35          SYSTEM_Initialize();
36          // 液晶表示器初期化
37          lcd_init();
38          // 割り込みCallback関数定義
39          TMR0_SetInterruptHandler(Timer0_ISR);
40          IOCCF0_SetInterruptHandler(BAND_SW);
41          // 割り込み許可
42          INTERRUPT_GlobalInterruptEnable();
43          INTERRUPT_PeripheralInterruptEnable();
44          // DSP6955 Initial Setting
45          BAND_SW();
46          /**** メインループ **************/
47          while (1)
48          {
49              /***** 周波数アップダウン処理  *****/
50              UpDown();
51              __delay_ms(50);              // 更新間隔
52              /**** 周波数, 受信レベル表示 ********/
53              if(Flag == 1){               // 0.5秒ごと
54                  Flag = 0;
55                  Disp();                  // 表示実行
56              }
57          }
58      }
```

次が、バンド切り替えのBAND_SW()関数で、**リスト4.3.2**となります。ここ

で、I²C制御関数を使ってレジスタの設定をしています。最初にスライドスイッチの状態でAMかFMかを切り替え、その後各バンドの初期周波数を設定しています。ContFreq()関数で周波数設定変更を実行しています。

その後、AKC6955の初期設定をしています。

▼リスト **4.3.2** バンド切り替えサブ関数部

```
59  /*****************************************
60   * バンド切替割り込み処理サブ
61   * スライドスイッチ変化で割り込み
62   *****************************************/
63  void BAND_SW(void){
64      __delay_ms(200);
65      // AM FMバンド切替
66      if(Band_GetValue() == 0){    // FMの場合
67          BAND = FM;
68          I2C1_Write1ByteRegister(0x10, 0x00, 0xC0);    // FM Mode
69          I2C1_Write1ByteRegister(0x10, 0x01, 0x11);    // MW2 FM2
70          SetFreq = 2188;                               // 84.7 FM Yokohama
71          ContFreq(FM, SetFreq);
72      }
73      else{                        // AMの場合
74          BAND = AM;
75          I2C1_Write1ByteRegister(0x10, 0x00, 0x80);    // AM Mode
76          I2C1_Write1ByteRegister(0x10, 0x01, 0x11);    // MW2 FM2
77          SetFreq = 414;                                // 1242kHz Nippon
78          ContFreq(AM, SetFreq);
79      }
80      // AKC6955初期化
81      I2C1_Write1ByteRegister(0x10, 0x06, 0xFC);        // Max Volume nonInverrt
82      I2C1_Write1ByteRegister(0x10, 0x07, 0x11);        // bass boost auto stereo
83      I2C1_Write1ByteRegister(0x10, 0x09, 0x0F);        // XTAL Volume I2C
84      I2C1_Write1ByteRegister(0x10, 0x0B, 0xC0);        // 25kHz Step
85      I2C1_Write1ByteRegister(0x10, 0x0D, 0x00);        // LED Tuned, vol=0dB
86  }
```

その周波数設定を実行するContFreq()サブ関数部が**リスト4.3.3**となります。周波数値を設定した後、AMとFMで分岐してからTUNEビットを1[1]にしてトリガを実行して周波数を変更しています。

アドバイス

※1：すぐ0に戻しています。

▼リスト **4.3.3** 周波数設定サブ関数

```
134  /*****************************************
135   *  周波数設定サブ
136   *****************************************/
137  void ContFreq(uint8_t band, uint16_t Freq){
138      // 周波数設定
139      I2C1_Write1ByteRegister(0x10, 0x03, (uint8_t)(SetFreq & 0xFF));
140      I2C1_Write1ByteRegister(0x10, 0x02,(uint8_t)((SetFreq >> 8) | 0x60));
141      if(band == FM){
142          // Tune Trigger
143          I2C1_Write1ByteRegister(0x10, 0x00, 0xE0);
144          I2C1_Write1ByteRegister(0x10, 0x00, 0xC0);
145      }
146      else{
147          // Tune Trigger
```

```
148 │       I2C1_Write1ByteRegister(0x10, 0x00, 0xA0);      // AM mode Trigger On
149 │       I2C1_Write1ByteRegister(0x10, 0x00, 0x80);      // AM mode Trigger Off
150 │     }
151 └ }
```

アドバイス

・周波数の設定値
〔FM〕
「(周波数-30) ÷ 0.025」
〔AM〕
「周波数÷3」

　次にスイッチで周波数をアップダウンするサブ関数部が**リスト4.3.4**となります。まずAMとFMで分岐し、さらにUpとDownスイッチで分岐しています。実際の周波数設定値は、FMの場合は「(周波数-30) ÷ 0.025」が設定値となり、AMの場合は「周波数 ÷ 3」が設定値となります。これらを実際に設定制御するのはContFreq()関数で実行しています。アップダウンする上下限値を決めて制限しています。

▼リスト4.3.4　周波数アップダウン処理サブ関数

```
87  ┌ /*******************************
88  │  * 周波数アップダウン処理サブ
89  └  *******************************/
90  ┌ void UpDown(void){
91  │     if(BAND == FM){    // FMバンドの場合
92  │         // 周波数アップ
93  │         if(Up_GetValue() == 0){        // 上限チェック
94  │             SetFreq++;
95  │             if(SetFreq >= 2600)
96  │                 SetFreq = 1800;        // Min 75MHz
97  │             ContFreq(FM, SetFreq);     // 周波数設定
98  │             Disp();
99  │         }
100 │         // 周波数ダウン
101 │         if(Down_GetValue() == 0){      // 下限チェック
102 │             SetFreq--;
103 │             if(SetFreq <= 1800)        // Min 75MHz
104 │                 SetFreq = 2600;        // Max 95MHz
105 │             ContFreq(FM, SetFreq);     // 周波数設定
106 │             Disp();
107 │         }
108 │     }
109 │     if(BAND == AM){    // AMバンドの場合
110 │         // 周波数アップ
111 │         if(Up_GetValue() == 0){        // 上限チェック
112 │             SetFreq += 1;
113 │             if(SetFreq >= 500)         // Max 1500kHz/3
114 │                 SetFreq = 170;         // Min 510kHz
115 │             ContFreq(AM, SetFreq);     // 周波数設定
116 │             Disp();
117 │         }
118 │         // 周波数ダウン
119 │         if(Down_GetValue() == 0){      // 下限チェック
120 │             SetFreq -= 1;
121 │             if(SetFreq <= 170)         // Min 510kHz/3
122 │                 SetFreq = 500;
123 │             ContFreq(AM, SetFreq);     // 周波数設定
124 │             Disp();
125 │         }
```

```
126          }
127      }
```

受信関連情報を液晶表示器に表示するサブ関数（Disp）が**リスト4.3.5**となります。やはりFMとAMで分岐したあと、実際の周波数設定値を読み出し、周波数に変換後文字列にして[1]から表示出力しています。信号レベルについては、RSSIとRFとIFのゲイン値を読み出してから、アドレス0x1Bのレジスタで指定された変換式[2]に基づいて計算したあと文字列にして表示出力しています。

アドバイス

※1：sprintf 関数を使っています。

参考

※2：前述したレジスター覧⓫の変換式です。

▼ リスト4.3.5　受信情報表示サブ関数

```
146    ┌  /*****************************************
147    │    * 周波数、受信レベル液晶表示サブ
148    │    *****************************************/
149    ┌  void Disp(void){
150    │       if(BAND == FM){
151    │           // チャネル周波数表示
152    │           CHL = I2C1_Read1ByteRegister(0x10, 0x03);          // 周波数下位取得
153    │           CHH = I2C1_Read1ByteRegister(0x10, 0x02) & 0x1F;   // 周波数上位取得
154    │           Freq = (CHH*256 + CHL)*0.025 + 30;                 // 周波数に変換
155    │           sprintf(Line1, "Freq= %3.1f MHz", Freq);           // 文字列に変換
156    │           lcd_cmd(0x80);                                     // 1行目に表示
157    │           lcd_str(Line1);
158    │       }
159    │       if(BAND == AM){
160    │           // チャネル周波数表示
161    │           CHL = I2C1_Read1ByteRegister(0x10, 0x03);          // 周波数下位取得
162    │           CHH = I2C1_Read1ByteRegister(0x10, 0x02) & 0x1F;   // 周波数上位取得
163    │           Freq = (double)(CHH*256 + CHL)*3;                  // 周波数に変換
164    │           sprintf(Line1, "Freq= %4.0f kHz   ", Freq);        // 文字列に変換
165    │           lcd_cmd(0x80);                                     // 1行目に表示
166    │           lcd_str(Line1);
167    │       }
168    │       // 信号レベル表示
169    │       RSSI = I2C1_Read1ByteRegister(0x10, 0x1B) & 0x7F;      // RSSI取得
170    │       temp = I2C1_Read1ByteRegister(0x10, 0x18);             // レベル取得
171    │       pga_rf = (temp >> 5) & 0x07;                           // R側
172    │       pga_lf = (temp >> 2) & 0x07;                           // L側
173    │       if(BAND == FM)
174    │           level = 103-RSSI-6*pga_rf-6*pga_lf;                // レベルに変換
175    │       else
176    │           level = 123-RSSI-6*pga_rf-6*pga_lf;                // レベルに変換
177    │       sprintf(Line2, "RSSI=%3d  S=%3d", RSSI, level);        // 文字列に変換
178    │       lcd_cmd(0xC0);                                         // 2行目に表示
179    │       lcd_str(Line2);
180    └  }
```

このあとは液晶表示器に関するサブ関数がありますが、第3章と全く同じですので、詳細は省略します。

以上が本製作例のプログラムの詳細となります。

第 **5** 章

時計機能付き高機能 FM ラジオの製作

電子工作・難易度〔★★★★☆〕

　　次の製作例は時計機能を追加した高機能 FM ラジオを製作します。目覚ましアラーム時計機能も追加して、指定時間になったらラジオの再生が開始されるようにします。

5-1 全体構成と機能

参考
ここで製作するラジオは、FM/ワイドFM専用ラジオです。

参考
液晶表示器に局名と周波数を表示します。本書のプログラムVer3では、時間の設定でも利用します。

使うICは「KT0913」というKTMicro社の製品です。AMとFM両方受信できますが、本製作例ではFM（ワイドFM対応）だけに限定しました。このICは他のICと比べてノイズ除去性能がよく、クリアな音で聴くことができます。

やはり16ピンの小型パッケージ（表面実装の部品）ですから、変換基板に実装して使う必要があります。

完成した全体外観が**写真5.1.1**となります。マイコン部、ラジオ部、スピーカアンプ部で構成していますが、この製作例は大き目のブレッドボード1個に全体を実装しています。液晶表示器も大型のものにしました。

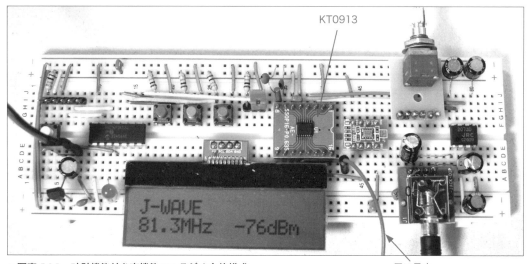

▲写真5.1.1 時計機能付き高機能FMラジオ全体構成

参考
大き目のブレッドボード1個に全体を実装します（ブレッドボードEIC-102J）。

参考
※1：月差10秒程度の精度があります。

アドバイス
※2：リアルタイムクロックICでもカウントができますが、I²Cでの制御が必要になるのでプログラムで実行することにしました。

全体構成と機能は**図5.1.1**のようにしました。

ラジオICの周辺部品は少なく、クロックには**38kHzのクリスタル発振子**を使いました。これは32.768kHzのクリスタル発振子でも設定を変更するだけで使えます。

マイコン部は他の製作例と同じで**PIC16F18326**を使っています。液晶表示器は、16文字2行の大型のものに変更していますが、接続インターフェースはI²Cで同じで、プログラムも他の製作例と全く同じもので使うことができます。

リアルタイムクロックICは時計用ICで、このICが生成する32.768kHzの高精度パルスを使い、高精度の時計機能[1]ができるようにしています。時刻のカウントはマイコンのプログラムで実行[2]し、目覚まし時間との比較もマイコンのプログラムで実行しています。

参考

※1：設定、アップ、ダウンを3個のタクトスイッチで行います。

参考
※2：切り替えスイッチは、ジャンパ切り替えにしています。

アドバイス

他の章と同じく、電流を制限する抵抗を内蔵したLEDを使用しました。

　時計の時刻やアラーム時刻の設定が必要になりますから、スイッチを追加[1]しています。またCLOCKの切り替えスイッチ[2]は、ラジオ設定と時刻設定の切り替え用として使います。

　電源は単3電池3本で供給し、3端子レギュレータ（MCP1702またはNJU7223F33）で3.3Vを生成して全体を動作させています。スピーカアンプがありますので、電流を結構必要としますから、**250mA以上のレギュレータが必須**です。

　LED1はアラーム待ち状態の表示用に使っています。

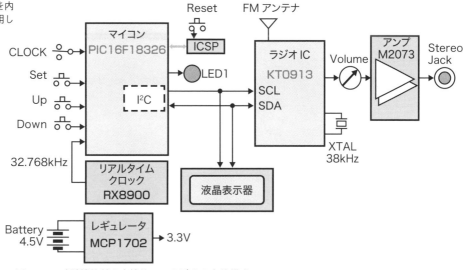

▲図5.1.1　時計機能付き高機能FMラジオの全体構成

参考

図5.1.1のCLOCKのスイッチは、ジャンパ切り替えにしています。

アドバイス

RTCモジュールは、RX8900、RX-8025NB、RTC-4543SAを使用したものが使えます。

注意

RTCの接続方法は3章の「コラム〔RTCの代替品を使用した場合〕」を参照してください。

COLUMN　ジャンパ切り替え

　写真中央の3ピンのヘッダピンに、ジャンパピンを差し込むことで切り替えます。

ジャンパピン
（ラジオ設定／時刻設定）

5-2　ハードウェアの製作

　使用する部品で新たに使うものは、液晶表示器とラジオICになります。ラジオICの仕様は**図5.2.1**のようになっています。FMの受信範囲は非常に広くなっていますから、ワイドFMも問題なく受信できます。周波数の自動調整機能（AFC）や音量の自動調整機能（AGC）も内蔵しているので安定な受信動作となっています。オーディオの周波数帯域も30Hzから15kHzと広くハイファイステレオとしても使えそうです。

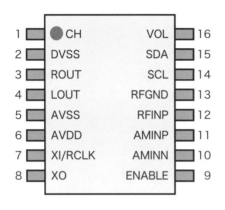

```
受信周波数 ：FM　32MHz〜110MHz
　　　　　　　AM　500kHz〜1710kHz
自動機能　 ：AFC、AGC
発振子　　 ：32.768kHz　±100ppm
　　　　　　　または38kHz

電源電圧　 ：2.1V〜3.6V　LDO内蔵
消費電流　 ：22mA

音声出力　 ：L/R独立　32Ω
周波数範囲 ：30Hz〜15kHz

接続方式　 ：I2Cインターフェース　Max 400kHz
パッケージ ：16ピン SSOP　0.635mmピッチ
```

▲ 図 5.2.1　ラジオ IC　KT0913 の仕様

注意

液晶表示器は、ガラス部に簡単にひびが入ったり、割れたりしてしまいますので取り扱う際は注意してください。

　大型の液晶表示器の仕様は**図5.2.2**となっています。DIPタイプの変換基板付きでわずか4ピンだけの接続ピンとなっています。ガラス直接の外観となっていますので**取り扱いには注意**が必要です。表示制御は他の表示器と全く同じとなっています。

```
型番　 ：AE-AQM1602A
電源　 ：3.1V〜5.5V　1mA
表示　 ：16文字×2行
　　　　　英数字カナ記号
バックライト：無
制御　 ：I2C　アドレス 0x3E
サイズ：66×27.7×2.0mm
```

No.	信号名
1	＋ V
2	SCL
3	SDA
4	GND

▲ 図 5.2.2　大型液晶表示器の仕様（写真：秋月電子通商の web サイトより）

参照

※1：詳細は付録を
参照してください。

参考

※2：第2章のアンプと同じ構成です。

アドバイス

※3：2つのボリュームが一つの軸で回せるようになっています。

アドバイス

※4：特に発振現象がなければ、C14とC15はなくても構いません。

これらの仕様に基づいて作成した全体の回路図は**図5.2.4**（次ページ）となります。

ラジオ部はクリスタル発振子だけですから簡単です（**図5.2.3**参照）。マイコン部は、タクトスイッチを3個、切り替えスイッチを1個（ジャンパ切り替えにしています）とLED1個を接続しています。さらにリアルタイムクロックの32.768kHzのパルスをPICのRC3ピンに接続し、これをマイコン内蔵のタイマ1で1秒パルスに変換[1]しています。I²Cは液晶表示器とラジオICの両方に接続し、R3とR4でプルアップしています。

スピーカアンプ部[2]は2連ボリューム[3]で音量調整したあと、ワンチップアンプIC（M2073）でスピーカを駆動しています。出力は大容量コンデンサで直流成分をカットしたあと、ステレオジャック経由でスピーカに接続しています。C14とC15は発振防止用[4]です。

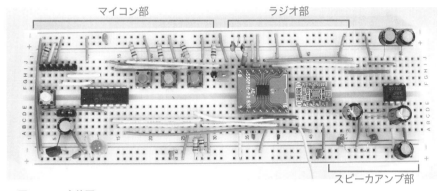

▲図 5.2.3　全体図

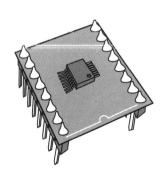

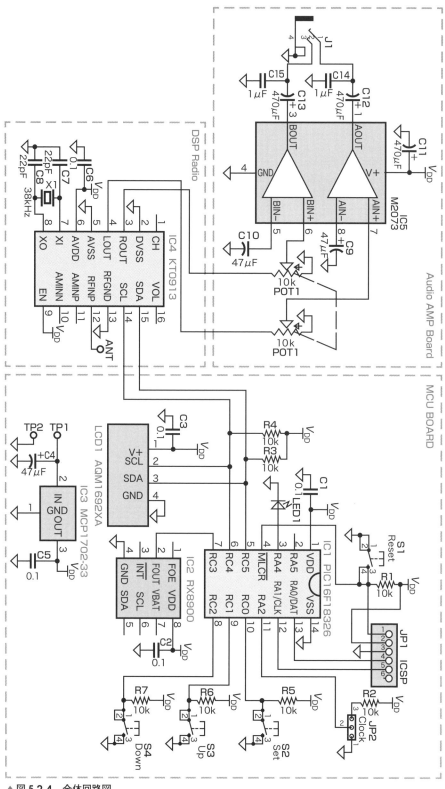

▲図 5.2.4 全体回路図

この回路を中型のブレッドボードにすべて実装します。使う部品は**表5.2.1**、**表5.2.2**、**表5.2.3**となります。レギュレータは入手が難しければ他の大型の500mAクラスのものでも構いません。ただしピン配置には注意が必要です。

アドバイス

レギュレータは、必ずデータシートでピン配置を確認して実装してください（ピン配置が違う場合があります）。

注意

本書に掲載した部品の情報は本書の執筆時のものです。変更、終売になっていることもありますので、各ショップのwebサイト、HPにて最新の情報をご確認ください。

アドバイス

表中のRTCモジュールが入手困難な場合は、32.768kHzのもので代替が可能です（ピン番号、機能はマニュアルで確認してください）。

▼表5.2.1　マイコン部の部品表

記号	部品種類	品名、型番	数量	入手先
IC1	マイコン	PIC16F18326-I/P	1	秋月電子通商
IC2	RTC（RTC基板モジュール）	RX8900 または（RX-8025NB、RTC-4543SA）	1	
IC3	レギュレータ	MCP1702-3302E/TO または NJU7223F33	1	マイクロチップ / 秋月電子通商
LED1	抵抗内蔵LED	青　OSB55154A-VV	1	秋月電子通商
LCD1	液晶表示器	AE-AQM1602A　ピッチ変換キット	1	
S1,S2,S3,S4	タクトスイッチ	基板用小型　黄、赤、青、緑	各1	
JP1	ヘッダピン	両端ロング2.54ピッチ 6ピン	1	
JP2	ヘッダピン	両端ロング2.54ピッチ 3ピン ジャンパピン	1	
R1,R2,R3,R4 R5,R6,R7	抵抗	10kΩ　1/4W	7	
C1,C2,C3,C5	コンデンサ	積層セラミック　0.1μF　50V	4	
C4		電解コンデンサ　47μF　16V	1	
その他	ブレッドボード	EIC-102J　ジャンパワイヤ付き	1	
	ヘッダピン	両端ロングヘッダピン　3ピン	1	
	電池ボックス	単3×3個用 リード線、スイッチ付き	1	
		コネクタ用ハウジング（2P）	1	
		ケーブル用コネクタ	2	
	電池	単3型アルカリ電池	3	

▼表5.2.2　ラジオ部の部品表

記号	部品種類	品名、型番	数量	入手先
IC4	DSPラジオIC	KT0913	1	秋月電子通商
	変換基板	AE-SSOP16-P0.635	1	
X1	クリスタル発振子	38kHz	1	
C6	コンデンサ	積層セラミック　0.1μF　50V	1	
C7,C8		セラミック　22pF　50V	2	
その他	ヘッダピン	片側ロング2.54ピッチ 8ピン×2	1	

アドバイス

38kHzのクリスタル発振子を接続します。

▼表 5.2.3 アンプ部の部品表

記号	部品種類	品名、型番	数量	入手先
IC5	オーディオアンプ	M2073	1	秋月電子通商
J1	3.5mm ステレオミニジャック	AE-PHONE-JACK-DIP	1	
POT1	2 連可変抵抗器	RK0972A103L15F　10kΩ	1	
	変換基板	AE-2VR-SW	1	
C9,C10	電解コンデンサ	47μF　16V	2	
C11,C12,C13		470μF　10V	3	
C14,C15	積層セラミックコンデンサ	1μF　50V	2	

アドバイス

2 連可変抵抗器（ボリューム）は、A カーブのものを選択します。なお、基板にはピッチ変換基板を利用して取り付けます。

アドバイス

実装する位置に注意しないと全部が配置できなくなることがあります。

アドバイス

スイッチごとに 10kΩのプルアップ抵抗を実装しています。

以上の部品を使ってブレッドボードに実装します。この製作例は一つのブレッドボードに全部を実装しますので、**配置には注意が必要**です。

配線は**図5.2.5**（p.89）のようにします。実際に配線が完了したブレッドボードが**写真5.2.1**（p.90）となります。写真は液晶表示器、ステレオミニジャック、ボリュームを外した状態です。

スイッチ周りの配線は混み合っていますが、スイッチとマイコンのピン間を1対1で接続しています。リアルタイムクロックとマイコン間の1本が長くなっています。

アンプ部の電解コンデンサはリード線を長めにして直接配線しています。

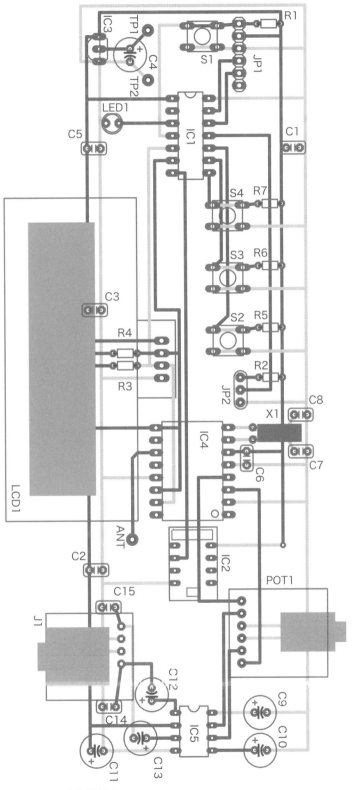

▲図5.2.5　全体組立図

参考

「全体回路図」「全体組立図」「配線を完了したブレッドボードの写真」を、技術評論社の Web サイト「書籍案内」本書の『サポートページ』に掲載してあります（p.2 参照）。製作時の確認用にご利用ください。

 注意

図5.2.4、写真5.2.1の IC2 は RX8900 を使用したモジュールを接続する場合の接続例です。

RX-8025NB、RTC-4543SA を使用したモジュールを接続する場合は、第3章の「コラム〔RTC の代替品を使用した場合〕」を参照してください。

 注意

写真 5.2.1 のアンプは NJM2073D の実装例です。現在販売終了品となっているため、M2073 を代替品として使用してください。

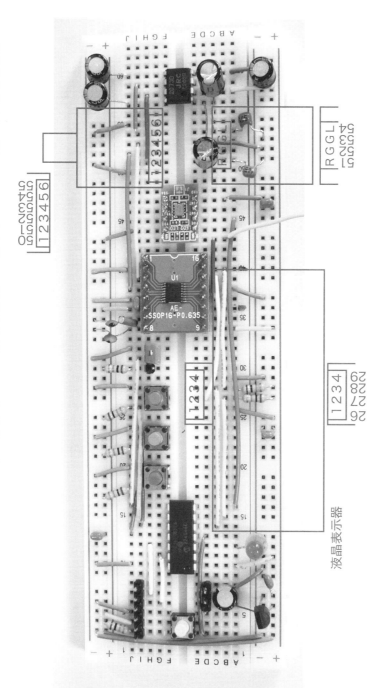

▲写真 5.2.1　配線を完了したブレッドボード

5-3 ソフトウェアの製作

▶ 5-3-1 プログラムの全体構成

参考

・Ver2
　時計機能のないFM
ラジオだけの機能とし
ました。
・Ver3
　時計機能付き FM
ラジオです。

アドバイス

　「局リスト」は「東京
の放送局」で設定して
います。「東京の放送
局」のラジオ放送を聴
くことができない場所
では、「局リスト(Radio.
h)」の書き換えが必
要になります。お住い
の視聴可能なラジオ
局の周波数をお調べ
いただき、「局リスト」
の周波数とラジオ局名
を変更してください。
　ラジオ局名の変更
方法は「3-3-4 局リス
トの作成方法」を参
照してください。
　局リスト(Radio.h)
は、「KT0913_Ver2」、
「KT0913_Ver3」 の
両方を書き換えてくだ
さい。
　書き換え後、コンパ
イルして PIC に書き込
みます(「3-3-5 コンパ
イルと書き込みの仕
方」参照)。

　本製作例のプログラムは2段階で製作していきます。最初のプロジェクト名は「KT0913_Ver2」となり、機能アップ版が「KT0913_Ver3」となります。

　最初は時計機能のないFMラジオだけの機能として製作し、その次に時計機能を追加します。これは、時計機能には時刻設定が必要ですから結構複雑になってしまうためです。まずラジオ機能だけの場合のプログラムフローは図5.3.1となります。ラジオ局の選択は局リスト方式とします(「3-3-4 局リストの作成方法」参照)。この方が使い勝手がよいと思います。フローとしては第3章とほぼ同じ流れとなっています。

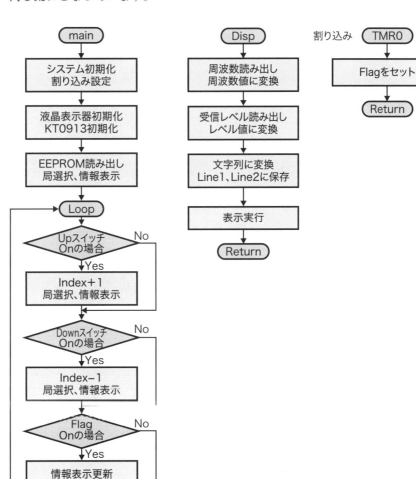

▲図5.3.1　プログラムフロー図

5-3-2 | ラジオ IC の使い方

参考

KT0913のレジスタ
の詳細はデータシート
を参照してください。

　　KT0913は他と同じように I²C 通信で使いますが、他と異なるのはレジスタが
すべて16ビット幅になっていることです。これらのレジスタの中で、本製作例
で使うのは後述する【制御レジスタ】となります。

　　すべて16ビット幅となっています。周波数を設定するときには、アドレス
0x03のレジスタの下位12ビットに設定値をセットし、最上位ビットの
FMTUNEビットを1にして書き込むとチューニングが実行されます。

　　このときの設定値は周波数から下記式で求めます。つまり50kHzステップで
周波数を設定できることになります。

参考

※1：最上位ビット
が FMTUNE ビットで
す。

$$設定値 = 周波数（MHz）÷ 0.05$$

　　例えば81.3MHzに設定する場合には、81.3 ÷ 0.05 = 1626 → 0x65A となり
ますから、レジスタ0x03には0x865A[※1]を書き込めばよいことになります。

　　音量もアドレス0x0Fのレジスタで、2dBステップで設定できます。本製作
例では−6dBに設定[※2]しています。このレジスタのSTDBYビット[※3]は、時計
機能を追加してアラーム機能を実現する際に、アラーム時間になるまではスタ
ンバイ状態とし、時刻一致でスタンバイを解除してラジオ再生を開始するよう
にします。

アドバイス

※2：適当に設定し
ていて特に意味はあり
ません。

アドバイス

※3：STDBY ビッ
トを1にすると再生が
停止します。

　　クロックの周波数は、デフォルト値は32.768kHzになっていますが、本製作
例では38kHzを使うことにしましたので、アドレス0x16のレジスタで38kHz
を指定しています。さらにFMの指定も一緒にしています。

　　受信レベルはRSSI値で表すことにしました。アドレス0x12のレジスタで
RSSI値を読み出せますので、下記式で変換[※4]してRSSI値とします。

アドバイス

※4：制御レジスタ
一覧の❻の変換式で
す。

$$RSSI(dBm) = FMRSSI[4{:}0] × 3dB − 100$$

　　このレジスタでは他にステレオ状態も読み出せますからLEDを追加して表示
させることもできますし、液晶表示器に追加することもできます。

制御レジスタ

❶ TUNE　〔アドレス：0x03　デフォルト値：0x06B8〕

■TUNE：チューニング開始

　1：開始　　　0：通常

参考

青字の部分は本書
の設定になります。

■FMCHAN[11：0]：FM周波数設定

　設定値 = Freq ／ 0.05〔MHz〕

❷ VOLUME　〔アドレス：0x04　デフォルト値：0xC080　設定：0xE180〕

■FMMUTE、AMMUTE、DMUTE：Mute制御

　0：Mute有効　　　1：Mute無効

■BASS[1:0]：低音ブースト

　00：なし　　　01：Low　　　10：Med　　　11：High

❸ DSPCFGA　〔アドレス：0x05　デフォルト値：0x1000　設定：0x1800〕

■MONO：モノラル制御

0：ステレオ　　1：モノラル

■DE：デエンファシス

0：75μs　　1：50μs

❹ LOCFGA　〔アドレス：0x0A　デフォルト値：0x0100　設定：0x0000〕

■FMAFCD：AFC制御

0：有効　　1：無効

❺ RXCFG　〔アドレス：0x0F　デフォルト値：0x881F　設定：0x881C〕

■STDBY：スタンバイ制御

0：無効　　1：有効

■VOLUME[4:0]：音量制御

11111：0dB　　11110：−2dB

11101：−4dB　11100：−6dB

00001：−60dB　00000：Mute

❻ STATUSA　〔アドレス：0x12〕

■XTAL_OK：発振状態

0：無効　　1：有効

■STC：同調状態

0：未　　1：完了

■ST[1:0]：同調状態

11：ステレオ　　他：モノラル

■FMRSSI[4:0]：FMのRSSI

RSSI(dBm)

　= FMRSSI[4:0] × 3 − 100

❼ AMSYSCFG　〔アドレス：0x16　デフォルト値：0x0002　設定：0x0902〕

■AM_FM：AM/FM切り替え

0：FM　　1：AM

■REFCLK[3:0]：クロック選択

0000：32.768kHz　　0001：6.5MHz　…　1001：38kHz

これらのレジスタの設定には、I²C制御関数を使いますが、2バイト単位になりますので、**表5.3.1**の関数を使います。これらの関数も MPLAB Code Configurator（MCC）というコード自動生成ツールで自動生成されたものです。

📖**用語解説**

・**MPLAB Code Configurator**
　MCC と略す。PIC マイコンの開発環境のひとつで、グラフィック画面で動作内容を設定するだけで、初期化関数や制御関数を自動生成する。

▼表 5.3.1　I²C 制御関数

種類	関数の書式
読み出し	《機能》指定したデバイスの指定レジスタからデータを読み出す 《書式》 　uint16_t I2C1_Read2ByteRegister(i2c1_address_t address, uint8_t reg); 　　　　address：デバイスのアドレス（KT0913 は 0x35） 　　　　reg　　：読み出すレジスタアドレス
書き込み	《機能》指定したデバイスの指定レジスタにデータを書き込む 《書式》 　void I2C1_Write2ByteRegister(i2c1_address_t address, uint8_t reg, uint16_t data); 　　　　address：デバイスのアドレス（KT0913 は 0x35） 　　　　reg　　：設定するレジスタのアドレス 　　　　data　 ：設定データ

アドバイス

※ 1：uint16_t 型の
メモリ配置が下位、上
位の順になるため、逆
にする関数を作成しま
した。

　ここで書き込み関数に問題があります。16ビットのdataを書き込むのですが、上位バイトと下位バイトが逆[1]になってしまいますので、制御関数だけ別に作成して上位と下位を逆にするリスト5.3.1のような関数を作成しました。

▼リスト 5.3.1　KT0913 の制御関数

```
118  /*********************************
119   * KT0913  2バイト出力制御サブ
120   *********************************/
121  void SetReg(uint8_t reg, uint16_t data){
122      uint16_t temp;
123
124      temp = data << 8;                    // 上位下位入れ替え
125      temp = temp | ((data >> 8) & 0xFF);
126      I2C1_Write2ByteRegister(0x35, reg, temp);
127  }
```

▶▶ 5-3-3 ┃ プログラム全体の製作

用語解説

・EEPROM
Electrically Erasable
Programmable Read-
Only Memory の略。
　バイト単位で読み書
きが可能で、電源オフ
でも内容を保持するメ
モリ。

　これらの関数を使ったKT0913のサブ制御関数がリスト5.3.2となります。DSP_Init()関数がKT0913の初期化関数で、初期設定とともに、EEPROMに格納されている局リストの番号を読み出して、最後に再生した局を選択するようにしています。この関数は第3章の「表3.3.2 EEPROM制御関数」と同じとなります。

　Disp()関数では、現在再生中の局の周波数とRSSI値を読み出して液晶表示器に表示しています。これらの関数をメイン関数から呼び出して全体を構成しています。

▼リスト **5.3.2** KT0913制御関数（サブ関数部）

参考

プログラムは、技術
評論社のWebサイト
よりダウンロードでき
ます（p.2参照）。
プロジェクト名
　・「KT0013_Vcr2」
　・「KT0913_Ver3」
にプログラム一式を入
れてあります。

注意

プロジェクトをPC
にコピーする場合は、
日本語のフォルダ名は
使わないでください。
また、デスクトップ上
に置かないでください。

```
 82    /************  サブ関数部  ************/
 83   /***************************************
 84    * KT0913初期設定
 85    * FMのみの設定
 86    ***************************************/
 87   void DSP_Init(void){
 88       // 初期ラジオ局設定  EEPROMから読み出す
 89       Index = DATAEE_ReadByte(0xF001);            // 0xF001番地から読み出す
 90       SetFreq = (uint16_t)((FMstation[Index].freq) / 0.05);
 91       SetReg(0x16, 0x0902);                       // Clock 38kHz
 92       SetReg(0x03, SetFreq | 0x8000);             // FM Tune Trigger 81.3MHz
 93       SetReg(0x04, 0xE180);                       // Mute Disable Bass Low
 94       SetReg(0x0A, 0x0000);                       // AFC Enable
 95       SetReg(0x05, 0x1800);                       // Stereo 50us
 96       SetReg(0x0F, 0x881C);                       // Volume -6dB
 97       Disp();
 98   }
 99   /***************************************
100    * 周波数、受信レベル液晶表示サブ
101    ***************************************/
102   void Disp(void){
103       //局名表示
104       sprintf(Line1, "%s", FMstation[Index].name);
105       // チャネル周波数表示
106       CH = I2C1_Read2ByteRegister(0x35, 0x03);
107       Freq = (CH & 0x0FFF) * 0.050;               // 周波数に変換
108       // 受信レベル表示    dBmに変換
109       RSSI = (I2C1_Read2ByteRegister(0x35, 0x12) & 0x00F8) >> 3;
110       RSSI = RSSI * 3 - 100;
111       sprintf(Line2, "%2.1fMHz  %3ddBm ", Freq, RSSI);
112       // 表示実行
113       lcd_cmd(0x80);                              // 1行目
114       lcd_str(Line1);
115       lcd_cmd(0xC0);                              // 2行目
116       lcd_str(Line2);
117   }
```

　全体の宣言部とメイン関数の初期化部が**リスト5.3.3**となります。最初はグローバル変数の宣言定義と関数のプロトタイピングです。

　次がタイマ0の1秒周期の割り込み処理関数でFlag変数を1にセットしているだけです。

　メイン関数の初期化部では、システム初期化の後、液晶表示器の初期化、割り込みの設定と許可、最後にKT0913の初期化をして状態表示をしています。1秒の待ち時間はKT0913の38kHzの発振が完了するのを待つ時間です。

▼リスト **5.3.3**　宣言部とメイン関数の初期化部

```
1    /***********************************************
2     *  DSP Radio Control Program
3     *   KT0913 + PIC16F18326  高機能版
4     *   局リストでアップダウン
5     ***********************************************/
6    #include "mcc_generated_files/mcc.h"
7    #include "mcc_generated_files/examples/i2c1_master_example.h"
8    #include "Radio.h"
9    // 変数定義
10   uint8_t Flag, Index;
11   char Line1[17], Line2[17];
12   uint16_t CH, SetFreq, RSSI;
13   double Freq;
14   // 液晶表示器　コントラスト用定数
15   //#define CONTRAST  0x18            // for 5.0V
16   #define CONTRAST  0x25             // for 3.3V
17   #define MAX 16                     // 局リスト最大値
18   // 関数プロト
19   void Disp(void);
20   void SetReg(uint8_t reg, uint16_t data);
21   void DSP_Init(void);
22   void lcd_data(char data);
23   void lcd_cmd(char cmd);
24   void lcd_init(void);
25   void lcd_str(char * ptr);
26   /********************************
27    * タイマ0 Callback関数  1秒周期
28    ********************************/
29   void TMR0_Process(void){
30       Flag = 1;                            // フラグセット
31   }
32   /********* メイン関数 ************************/
33   void main(void){
34       SYSTEM_Initialize();                 // システム初期化
35       lcd_init();                          // 液晶表示器初期化
36       // 割り込みCallback関数定義
37       TMR0_SetInterruptHandler(TMR0_Process);
38       // 割り込み許可
39       INTERRUPT_GlobalInterruptEnable();
40       INTERRUPT_PeripheralInterruptEnable();
41       // KT0913 Initial Setting
42       __delay_ms(1000);                    // クロック発振待ち
43       DSP_Init();                          // FM/AM初期設定
44       Disp();                              // 周波数表示
```

　次がメインループで、**リスト5.3.4**となります。ここではアップとダウンのスイッチの処理を繰り返しています。アップダウンは局リストのインデックスとなるIndex変数をプラスマイナスしているだけです。その都度、局選択を実行し、表示を更新しています。さらにIndex値をEEPROMメモリに保存して、次回電源オン時に同じ局を再生できるようにします。最後に1秒周期で局情報表示を更新してRSSI値を常に監視できるようにしています。

▼リスト5.3.4　メインループ部

```
46        /**** メインループ **************/
47        while (1) {
48            // 局リストアップの場合
49            if(Up_GetValue() == 0){              // アップスイッチオンの場合
50                __delay_ms(100);                 // チャッタ回避
51                Index++;                         // インデックスアップ
52                if(Index >= MAX)                 // 最後になったら
53                    Index = 0;                   // 最初に戻す
54                SetFreq = (uint16_t)((FMstation[Index].freq) / 0.05);
55                SetReg(0x03, SetFreq | 0x8000);  // 周波数設定
56                Disp();                          // LCD表示更新
57                DATAEE_WriteByte(0xF001, Index); // 0xF001番地に保存
58                while(Up_GetValue() == 0);       // 押されている間待つ
59                __delay_ms(100);                 // チャッタ回避
60            }
61            // 局リストダウンの場合
62            if(Down_GetValue() == 0){            // ダウンスイッチオンの場合
63                __delay_ms(100);                 // チャッタ回避
64                if(Index > 0)                    // 最初でなければ
65                    Index--;                     // インデックスダウン
66                else                             // 最初だったら
67                    Index = MAX-1;               // 最後に戻す
68                SetFreq = (uint16_t)((FMstation[Index].freq) / 0.05);
69                SetReg(0x03, SetFreq | 0x8000);  // 周波数設定
70                Disp();                          // 表示更新
71                DATAEE_WriteByte(0xF001, Index); // 0xF001番地に保存
72                while(Down_GetValue() == 0);     // 押されている間待つ
73                __delay_ms(100);                 // チャッタ回避
74            }
75        }
76        // 1秒ごとの割り込みで受信レベル表示更新
77        if(Flag == 1){                           // 1秒周期
78            Flag = 0;
79            Disp();                              // 表示実行
80        }
81    }
```

以上でプログラム全体となります。これ以外に液晶表示器のサブ関数があり
ますが、他の製作例と同じですので省略します。

直接スピーカを接続して単体で使えますし、結構感度がよくノイズ抑制も他
のラジオICと比べてよいので聴きやすいラジオとなりました。

▶▶ 5-3-4 ┃ 時計機能の追加

参照

タイマ1の詳細は付
録を参照。

時計機能を追加します。時計のために正確な1秒パルスが必要になりますが、
ここではPICマイコンの内蔵モジュールの力を借りて、タイマ1という内蔵モ
ジュールで、リアルタイムクロックからの32.768kHzのパルスから1秒周期の
割り込みを生成しています。

この割り込みの処理関数が**リスト5.3.5**となります。時刻を秒、分、時とカウントアップします。24時間時計としています。00秒のときにアラーム設定時刻と比較して、時、分が一致したら、スタンバイモードを解除してラジオ再生を開始します。

参考
23 時 59 分 59 秒までカウントしたら 00 時 00 分 00 秒に戻ります。

▼リスト 5.3.5　タイマ 1 割り込み処理関数

```
36  /*********************************
37   * タイマ1 Callback関数　1秒周期
38   *  時刻カウントアップ処理
39   *********************************/
40  void TMR1_Process(void){
41      sec++;                                  // 秒アップ
42      if(sec >= 60){                          // 60秒なら
43          sec = 0;                            // 0に戻す
44          min++;                              // 分をアップ
45          if((hour == alhour) && (min == almin)){  // アラーム時刻一致の場合
46              SetReg(0x0F, 0x881C);           // Standby Mode 解除
47              SbyFlag = 0;                    // スタンバイ解除
48              LED1_SetLow();                  // 目印消灯
49          }
50          if(min >= 60){                      // 60分なら
51              min = 0;                        // 0に戻す
52              hour++;                         // 時アップ
53              if(hour >= 24){                 // 24時なら
54                  hour = 0;                   // 0に戻す
55              }
56          }
57      }
58  }
```

次にメイン関数の初期化部で、異なる部分はKT0913の初期化関数内部で、**リスト5.3.6**となります。この中でEEPROMから時刻設定値の読み出し部を追加しています。

▼リスト 5.3.6　KT0913 初期化関数

```
127  /*********************************
128   * KT0913初期設定
129   *  FMのみの設定
130   *********************************/
131  void DSP_Init(void){
132      // 時刻初期値EEPROMから読み出し
133      hour = DATAEE_ReadByte(0xF002);         // 時
134      min = DATAEE_ReadByte(0xF003);          // 分
135      sec = DATAEE_ReadByte(0xF004);          // 秒
136      alhour = DATAEE_ReadByte(0xF005);       // アラーム時
137      almin = DATAEE_ReadByte(0xF006);        // アラーム分
138      // 初期ラジオ局設定　EEPROMから読み出す
139      Index = DATAEE_ReadByte(0xF001);        // 0xF001番地から読み出す
140      SetFreq = (uint16_t)((FMstation[Index].freq) / 0.05);
141      SetReg(0x16, 0x0902);                   // Clock 38kHz
142      SetReg(0x03, SetFreq | 0x8000);         // FM Tune Trigger 81.3MHz
143      SetReg(0x04, 0xE180);                   // Mute Disable Bass Low
144      SetReg(0x0A, 0x0000);                   // AFC Enable
```

```
145        SetReg(0x05, 0x1800);                    // Stereo 50us
146        SetReg(0x0F, 0x881C);                    // Volume -6dB
147        SbyFlag = 0;                             // スタンバイフラグリセット
148        Disp();
149    }
```

次がメイン関数部で、**リスト5.3.7**となります。ここにたくさんの追加があります。最初にCLOCKスイッチ[*1]をチェックしてLowなら局選択モードに、Highなら時刻設定モードとなります。

アドバイス

※1：ジャンパ切り
替えとしています。

局選択モードの場合、アップダウンスイッチの処理はUpDown()サブ関数でまとめています。この中はラジオ再生だけの場合と全く同じ処理です。

次にSETスイッチの処理を追加しています。局選択モードでSETスイッチが押された場合は、目覚ましモードにして、ラジオ再生をスタンバイモードにし、1行目の表示を時刻表示とします。すでに目覚ましモードになっている場合に、再度SETスイッチが押されたら、スタンバイモードを解除して通常のラジオ再生モードに戻します。

アドバイス

※2：時刻カウント
をタイマ1の割り込み
で実行しているため禁
止としています。

時刻設定モードの場合には、まず時刻が進むのを止めるため割り込みを禁止[*2]します。次にSetting()サブ関数を呼び出し、ここで各時刻の設定を実行します。すべての設定が完了したら戻ってきますから、完了メッセージを2秒間だけ表示し、設定内容をEEPROMに保存してから割り込みを再許可して時計のカウントを再開します。

▼リスト5.3.7　メインループ部

```
73        /**** メインループ **************/
74        while (1) {
75            if(Clock_GetValue() == 0){              // CLOCKスイッチチェック
76                /********** 局選択モード処理 *********/
77                UpDown();                           // 局アップダウン処理
78                // アラーム用スタンバイ設定
79                if(Set_GetValue() == 0){            // Setスイッチチェック
80                    if(SbyFlag == 0){               // まだスタンバイモードでない場合
81                        SbyFlag = 1;                // スタンバイモードフラグセット
82                        Disp();                     // 表示更新
83                        LED1_SetHigh();             // 目印点灯
84                        SetReg(0x0F, 0x981C);       // スタンドバイにセット
85                    }
86                    else{                           // 既にスタンバイモードの場合
87                        SbyFlag = 0;                // スタンバイモード解除
88                        Disp();                     // 表示更新
89                        LED1_SetLow();
90                        SetReg(0x0F, 0x881C);       // Standby Mode 解除
91                    }
92                    while(Set_GetValue() == 0);     // チャッタリング回避
93                    __delay_ms(100);
94                }
95            }
96            else{
97                /******** 時刻設定モード処理 **************/
98                if(Set_GetValue() == 0){            // 設定開始ボタンオン
99                    INTERRUPT_GlobalInterruptDisable(); // 割り込み禁止　時計停止
100                   lcd_cmd(0x80);                  // 1行目指定
101                   lcd_cmd(0x0F);                  // ブリンク指定
```

```
102                    __delay_ms(100);                      // チャッタ回避
103                    while(Set_GetValue() == 0);
104                    __delay_ms(100);
105                    /***** 時刻設定 **********/
106                    Setting();                             // 各時刻設定ループ
107                    lcd_cmd(0xC0);                          // 2行目指定
108                    lcd_str("Setting Complete");           // 完了メッセージ
109                    __delay_ms(2000);                      // 2秒間表示
110                    // EEPROMに保存
111                    DATAEE_WriteByte(0xF002, hour);
112                    DATAEE_WriteByte(0xF003, min);
113                    DATAEE_WriteByte(0xF004, sec);
114                    DATAEE_WriteByte(0xF005, alhour);
115                    DATAEE_WriteByte(0xF006, almin);
116                    INTERRUPT_GlobalInterruptEnable();     // 割り込み再許可
117                }
118            }
119            // 1秒ごとの割り込みで受信レベル表示更新
120            if(Flag == 1){                                 // 1秒周期
121                Flag = 0;
122                Disp();                                    // 表示実行
123            }
124        }
125    }
```

アドバイス

※1：液晶表示器の
コマンドでブリンクを
制御します。

次が時刻設定のサブ関数Setting()の中身で、**リスト5.3.8**となります。設定項目が時、分、秒とアラームの時、分の5項目となりますからこれを繰り返します。SETスイッチを押すごとに設定対象が進んでブリンク[1]し、アップダウンスイッチで設定値を入力します。5項目終われば終了となります。

▼リスト5.3.8　時刻設定サブ関数

```
212    /*****************************
213     * 時刻設定サブ関数
214     *****************************/
215    void Setting(void){
216        pos = 0;                                       // 設定時間位置
217        while(pos < 5){                                // 全項目繰り返し
218            if(Up_GetValue() == 0){                    // アップSWオンの場合
219                __delay_ms(300);
220                switch(pos){                           // 項目ごとにアップ
221                    case 0: hour++; if(hour>23) hour=0 ;break;
222                    case 1: min++; if(min>59) min=0; break;
223                    case 2: sec++; if(sec>59) sec=0; break;
224                    case 3: alhour++; if(alhour>23) alhour=0; break;
225                    case 4: almin++; if(almin>59) almin=0; break;
226                    default:break;
227                }
228                Disp();                                // 表示更新
229            }
230            if(Down_GetValue() == 0){                  // ダウンSWオンの場合
231                __delay_ms(300);
232                switch(pos){                           // 項目別に-1
233                    case 0: hour--; if(hour==0xFF) hour= 23; break;
234                    case 1: min--; if(min==0xFF) min=59; break;
235                    case 2: sec--; if(sec==0xFF) sec=59; break;
```

```
236        case 3: alhour--; if(alhour==0xFF) alhour=23; break;
237        case 4: almin--; if(almin==0xFF) almin=59; break;
238        default: break;
239    }
240    Disp();                                    // 表示更新
241  }
242  if(Set_GetValue() == 0){                     // セットSWオンの場合
243    __delay_ms(100);                           // チャッタ回避
244    pos++;                                      // 次の項目へ
245    switch(pos){                               // 項目ごとにBlink
246      case 0: lcd_cmd(0x81); break;
247      case 1: lcd_cmd(0x83); break;
248      case 2: lcd_cmd(0x86); break;
249      case 3: lcd_cmd(0x8B); break;
250      case 4: lcd_cmd(0x8E); break;
251      default: break;
252    }
253    lcd_cmd(0x0F);                             // blink
254    while(Set_GetValue() == 0);
255    __delay_ms(100);
256  }
257   }
258 }
```

　最後に変更が必要な個所は情報表示関数Disp()関数で、**リスト5.3.9**となります。ここでは時刻設定モードとスタンバイの場合とで表示内容を変えています。

　通常のラジオモードの場合は局名と周波数、RSSIの表示ですが、時刻設定モードの場合は時刻表示と局名表示としています。さらにラジオモードの際にSETスイッチが押されたら目覚まし時計モードで時刻と局名表示としています。

▼リスト5.3.9　情報表示サブ関数

```
150 /***********************************
151  * 周波数、受信レベル液晶表示サブ
152  ***********************************/
153 void Disp(void){
154   if(Clock_GetValue() == 0){
155     if(SbyFlag == 0){
156       sprintf(Line1, "%s", FMstation[Index].name);       //局名表示
157       CH = I2C1_Read2ByteRegister(0x35, 0x03);           // チャネル周波数取得
158       Freq = (CH & 0x0FFF) * 0.050;                      // 周波数に変換
159       // 受信レベル表示    dBmに変換
160       RSSI = (I2C1_Read2ByteRegister(0x35, 0x12) & 0x00F8) >> 3;
161       RSSI = -100 + RSSI * 3;
162       sprintf(Line2, "%2.1fMHz  %3ddBm ", Freq, RSSI);
163     }
164     else{
165       sprintf(Line2, "***Sandby Mode***");               // スタンドバイと時刻表示
166       sprintf(Line1, "%02d:%02d:%02d  A%02d:%02d", hour, min, sec, alhour, almin);
167     }
168   }
169   else{
170     // 時刻表示
171     sprintf(Line1, "%02d:%02d:%02d  A%02d:%02d", hour, min, sec, alhour, almin);
172     //局名表示
```

```
173            sprintf(Line2, "%s", FMstation[Index].name);
174        }
175        lcd_cmd(0x80);                // 1行目
176        lcd_str(Line1);
177        lcd_cmd(0xC0);                // 2行目
178        lcd_str(Line2);
179    }
```

　以上が時計機能を追加した場合のプログラム詳細となります。

　目覚ましラジオとして便利に使えます。

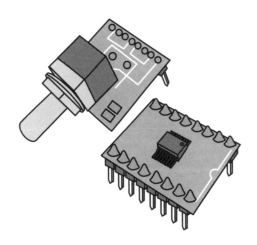

付録

付録 A　ラジオ IC のはんだ付け方法
付録 B　プログラムの書き込み方
付録 C　PIC16F18326 の概要

付録 A　ラジオ IC のはんだ付け方法

本書では10／16／24ピンのMSOPやSSOPパッケージの小型のラジオICを使いました。これらの0.635mmや0.65mmピッチのパッケージを直接ブレッドボードに実装するのは不可能です。そこで市販されている変換基板を使って2.54mmピッチに変換して使います。この**変換基板にICをはんだ付け**する方法を説明します。

本書で使用した変換基板の例は**写真A.1**のようなものです。この変換基板は

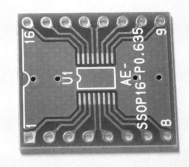

▲写真 A.1　変換基板の例

ICの端子部が金メッキされていてよく滑るので、ICを載せて位置合わせするとき容易にできます。

参考

・**TSSOP**：Thin Shrink Small Outline Package
・**MSOP**：Mini Small Outline Package
・**SSOP**　：Shrink Small Outline Package

この変換基板にICを実装する際には、**写真A.2**のような洗浄剤とはんだ吸取線、それと写真ネガチェック用の拡大ルーペ（10倍程度がお勧め）を使います。手順は次のようにします。

フラックス洗浄剤

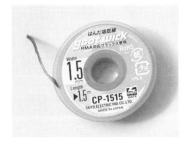
はんだ吸取線

拡大ルーペ

▲写真 A.2　活用する道具（フラックス洗浄剤の写真：太洋電機産業（株）のHPより）

手順 1　位置合わせ

最初にICを載せて位置を合わせます。このときは指でICを軽く抑えながら微妙に動かしてピンの位置がパターンにピッタリ合うように調整します。この

1
2
3
4
5
A

とき**拡大ルーペで拡大しながら確認し**ます。

▲ 写真 A.3　拡大ルーペで位置を確認する

手順 2　仮固定

　合わせた位置を固定しながら、いずれかの端の**1ピンか2ピンだけを仮はんだ付け**します。そして細かな位置修正をピンのはんだ付けをやり直しながら行います。やはり拡大ルーペを使います。この時点で**確実に全ピンがピッタリ変換基板のパターンと合っているようにすることがポイント**です。この位置合わせの良し悪しで完成度が決まります。

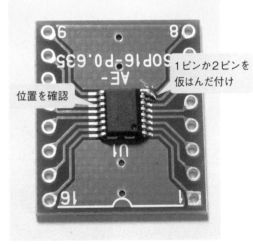

位置を確認
1ピンか2ピンを仮はんだ付け

▲ 写真 A.4　仮固定

手順 3　はんだづけ

　位置合わせができたら仮はんだ付けしていない面からすべてはんだ付けします。**はんだはたっぷり供給するようにして行い**、ピン間がブリッジしても気にせず十分はんだが載るようにします。全ピンともすべてはんだづけしてしまいます。この状態が**写真A.5**となります。結構たっぷりのはんだを使っています。

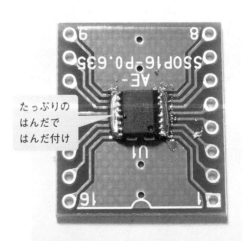

たっぷりのはんだではんだ付け

▲ 写真 A.5　全ピンはんだ付け

手順4　はんだの除去

　はんだ吸取線を使って余分なはんだを吸い取ります。吸取線の幅は1.5mm
か2mm程度の細い方が作業しやすいと思います。はんだ吸取線にフラックス
が含まれているのではんだが溶けやすくよく吸収してくれます。

　これで余分なはんだも取れますし、ブリッジもきれいに取り去ることができ
ます。意外と簡単にしかもきれいに除去できます。

アドバイス

　隣接するピン間がは
んだでつながっている
状態になっていますの
で、これをはんだ吸取
線で取り除きます（は
んだ吸取線で簡単に
取れます）。

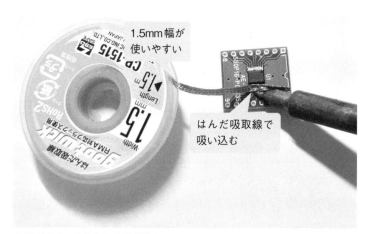

▲ 写真 A.6　余分なはんだの除去

手順5　洗浄とチェック

　吸取線のフラックスでかなり汚れますので**写真A.7のように洗浄液と綿棒な
どを使ってきれいに拭き取ります**。そのままでは汚いですし、酸化して動作に
悪影響することもあります。周囲の汚れやはんだくずも取り除きます。

アドバイス

　動作不良の原因に
なって後から発見する
のは難しくなるので念
入りにチェックしてくだ
さい。

　とくにピンの奥の方
でブリッジしていない
かをチェックしておきま
しょう。

　ブリッジしたはんだ
は、はんだ吸取線で
しっかり取り除いてく
ださい。

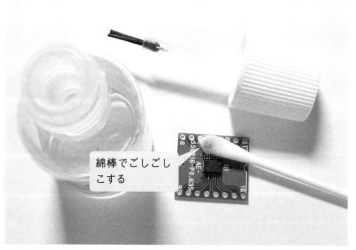

▲ 写真 A.7　フラックスを除去してきれいにする

このあと、**拡大ルーペを使って念入りにブリッジやはんだくずなどがないか
を**チェックします。照明にかざしながらチェックすると見つけやすいと思いま
す。終了した基板が**写真A.8**となります。

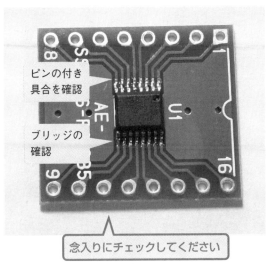

▲ 写真 A.8　きれいにした結果

手順6　ヘッダピンを付けて完成

アドバイス

ヘッダピンは、写真
A.9のような片側ロン
グヘッダピンを基板に
取り付けます。

これでICのはんだ付けは終了ですが、あとは基板の周囲にヘッダピンをはん
だ付けします。先にヘッダピンをブレッドボードに挿入してから基板を挿入し
てはんだ付けすると楽にできます。完成したデバイスが**写真A.9**となります。

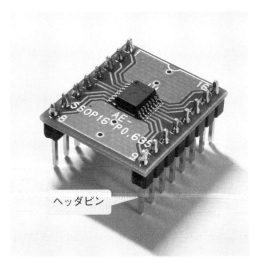

▲ 写真 A.9　ヘッダピンを付けて完成

付録 B　プログラムの書き込み方

 アドバイス

PIC をマイコン部の
ブレッドボードに実装
したままの状態で、内
蔵メモリにプログラム
を書き込むことができ
ます。
　マイコン部のブレッ
ドボード上にある、
ICSP ピンに、PIC プ
ログラマを接続して行
います。

　DSP ラジオを制御する PIC マイコンのプログラムを PIC 本体に書き込む手順
を説明します。プログラムを書き込むためには **MPLAB X IPE** を使いますので、
このインストールの仕方から説明します。MPLAB X IPE は MPLAB X IDE を
インストールすると一緒にインストールされます。

　使えるプログラマは、PICkit3、PICkit4、SNAP、ICD3、ICD4 のいずれか
となります。

 用語解説

・IPE
　（Integrated Programming Environment）
　HEX ファイルを直接書き込むツール。

アドバイス

　「IPE」を使用するには、まずマイクロチップ社の HP から「MPLAB X IDE」をダウンロードしてく
ださい。

参考

以下のいずれかのプログラマが必要です。
・PICkit3　　・PICkit4　　・MPLAB SNAP
・MPLAB ICD 3　　・MPLAB ICD 4

① MPLAB X IDE のダウンロードとインストール

 参考

　本書は Microchip
社のホームページから
ダウンロードできる無
償の統合開発環境
（MPLAB X IDE）を
使用してプログラミン
グを行います。

 参考

　PICkit3 が既に終売
になっている場合は
PICkit4、MPLAB
SNAP 等が使用でき
ます。

　下記サイトから MPLAB X IDE Ver6.05 Windows 版をダウンロードします。
本書執筆時点の最新版は v6.10 ですが PICkit3 のプログラマが使えないので、
ひとつ前の v6.05 を使います。

　「v6.05」より後の最新のバージョンが表示されている場合は、〔Go To
Downlods Archive〕ボタンをクリックすると旧バージョンを選択することがで
きます。「v6.05」を探して、以下のように進めてください。

https://www.microchip.com/en-us/tools-resources/archives/mplab-ecosystem

　PICkit3 以外をお使いの場合は、最新版の MPLAB X IDE で問題なく使えま
す。

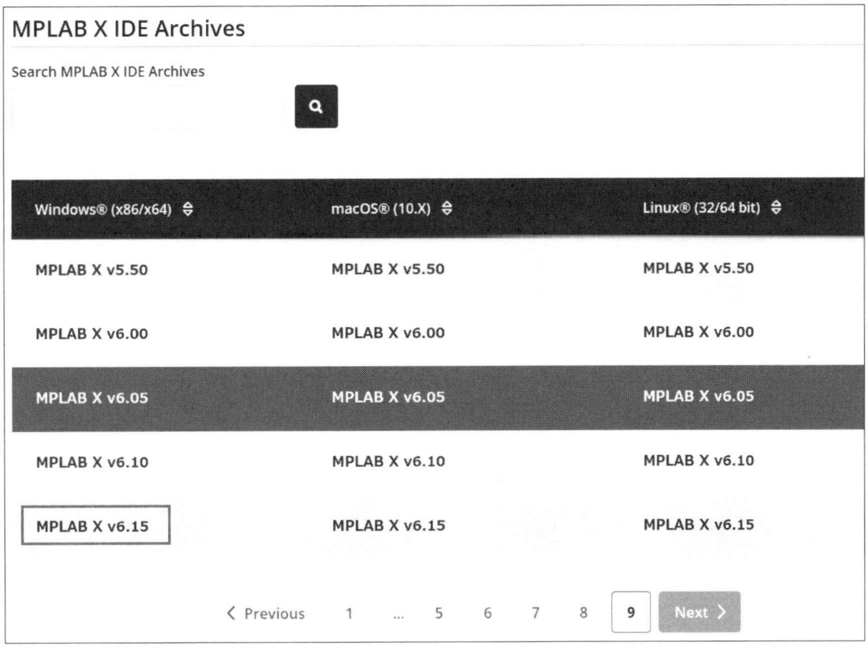

MPLAB X IDE Archives

Search MPLAB X IDE Archives

🔍

Windows® (x86/x64) ⇕	macOS® (10.X) ⇕	Linux® (32/64 bit) ⇕
MPLAB X v5.50	MPLAB X v5.50	MPLAB X v5.50
MPLAB X v6.00	MPLAB X v6.00	MPLAB X v6.00
MPLAB X v6.05	MPLAB X v6.05	MPLAB X v6.05
MPLAB X v6.10	MPLAB X v6.10	MPLAB X v6.10
MPLAB X v6.15	MPLAB X v6.15	MPLAB X v6.15

‹ Previous　　1　…　5　6　7　8　**9**　Next ›

▲図 B.1

ダウンロードした「MPLABX-v6.05-windows-installer.exe」を実行します。Nextで進めて、表示されるダイアログで、「I accept …」にチェックし、Nextをクリックして進めます。その後は特に設定する必要はないのでNextで進めてInstall完了まで進めます。

▲図 B.2

これでインストールされた「**MPLAB IPE**」という黄色のアイコンのプログラムを使って書き込みだけ行います。

参考

本書のp.2に本書のプログラムのダウンロード方法を記載しています。
プログラムのプロジェクト一式がダウンロードできます。

② 技術評論社のサポートサイトから、本書のプログラムをダウンロードします。

本書のp.2に解説しましたダウンロード方法を参照し、本書のプログラムをダウンロードしてください。

アドバイス

ブレッドボードに取り付けた ICSP 用のヘッダピン（6 ピン）に接続します

アドバイス

プログラマには、1 番ピンを示す「▼」印が描かれています。「▼」印をヘッダピンの1ピン側に合わせてください。

③ MPLAB X IPE を起動し図 B.3 のように設定します。

使用するプログラマをパソコンの USB に接続し、ターゲットボード（ブレッドボード）のヘッダピンに接続しておきます。ヘッダピンの1ピン側に**プログラマの▼印側を合わせて**挿入します。

この後、IPE の画面で、〔Device〕欄は「PIC16F18326」、〔Tool〕欄には使うプログラマに合わせて、例えば「PICkit3」を入力します。その後、[Connect]ボタンをクリックして接続を確認します。

▲図 B.3 デバイスとプログラマの設定

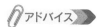参考

MPLAB SNAP を使用する場合は〔Tool〕欄にて「SNAP」を選択してください。

アドバイス

各プログラマ（PIC kit3、SNAP など）をパソコンに接続しておいてください。

なお、PIC に書き込む際、ブレッドボードに接続した電源は ON にしておきます。

次に図 B.4 ①、[OK]をクリックします。Connect が正常にできれば**図 B.4 ②**のようなメッセージが表示されて準備が完了します。

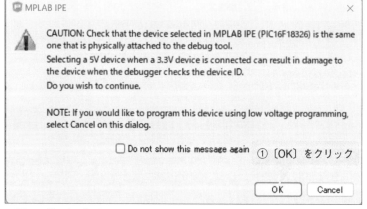

▲図 B.4 ① 〔OK〕をクリック

```
Output - IPE    ×


*************************************************

Connecting to MPLAB PICkit 3...

Currently loaded firmware on PICkit 3
Firmware Suite Version.....01.56.09
Firmware type..............Enhanced Midrange
Target voltage detected
Target device PIC16F18326 found.
Device Revision ID = 2003
```

②正常な場合の
メッセージ

▲図 B.4 ②　Connect 確認（正常な場合）

④ Hex ファイルを選択します。

次に書き込むプログラムの**Hex ファイル**を選択します。IPEで〔**Hex File**〕
欄の［**Browse**］ボタンをクリックして開くダイアログで、**図B.5**のようにダウ
ンロードしたプログラムのプロジェクトフォルダの下にある¥dist¥default
¥productionフォルダ内のHexファイルを指定します。

①〔Browse〕をクリック

②プロジェクトの
　フォルダ

③［production］の中

④HEX ファイルを指定

▲図 B.5　Hex File の選択

> 📎アドバイス
>
> 　Hex ファイルは、アセンブラが生成したオブジェクトファイルで、プログラマで書き込むためのファイ
> ルです（プログラムを実行するには、Hex ファイルを PIC に書き込む必要があります）。

これですべての準備ができたので、**図B.6**①のようにIPEの［**Program**］ボ
タンをクリックすれば書き込みを実行します。しばらく書き込みを実行し、完

了すると**図B.6②**のように完了メッセージが表示されます。

　最後のメッセージにあるように、書き込み後はリセットホールド状態で停止したままですから、プログラマをヘッダピンから抜けば実行を開始します。

　以上で書き込みは完了です。

▲**図 B.6　書き込み実行**

　（正常に書き込みが完了すると）

　　Programming/Verify complete

と表示されます。

　プログラミングが完了したというメッセージ（Programming complete）の下に

　　***　Hold in Reset mode is enabled　***

という「停止状態であるメッセージ」が表示されます（プログラマをヘッダピンから抜けば実行を開始します）。

■ 「Radio.h」を書き換えて利用する場合の注意点

　「Radio.h」を書き換えて利用する場合は、付録Bで解説したようにMPLAB X IDEをインストールしたあと、MPLAB X IDEで利用するプロジェクトを再コンパイルし、そのままMPLAB X IDEでPICkit3等を使って書き込みを実行してください。

　コンパイル、書き込みは、**図3.3.3**（p.62）のようにメインメニューにある〔**全クリア後コンパイル**〕と〔**ダウンロード(書き込み)**〕のアイコンを使って起動します。

付録 C # PIC16F18326 の概要

本書で使った PIC マイコンは **PIC16F18326** という PIC16F1 ファミリで 14 ピンという少ピンシリーズになります。この PIC マイコンの概要を説明します。

・少ピンシリーズ
　20 ピン以下を少ピンシリーズと呼ぶ。

(1) 全体構成

まず、PIC16F18326 の全体の内部構成は**図 C.1** のようになります。少ピンではありますが、多くの周辺モジュールを内蔵しています。本書で使ったのは I²C、Timer0、Timer1、EEPROM だけですから、ちょっともったいない使い方ですが、安価ですので気にしないことにします。

メモリも大容量[※1]ですので、大きなプログラムになっても余裕で納めることができますから、安心して使えます。

・周辺モジュール
　内蔵ハードウェアで一定の機能を果たすブロック。

 参考

※1：3.5kB（2kW）から 28kB（16kW）までの種類があります。

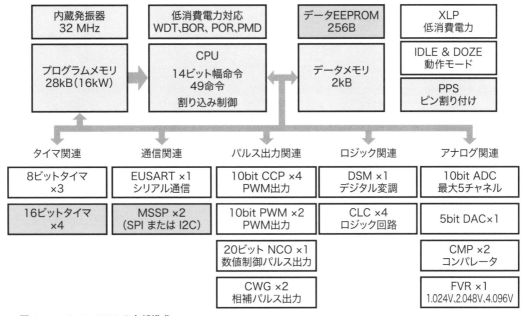

▲ 図 C.1　PIC16F18326 の内部構成

本書で使ったモジュールの説明をします。

(2) Timer0 の内部構成と動作

Timer0 の内部構成は**図 C.2** のようになっています。タイマ本体は 16 ビットのカウンタで、パルスが入力されると + 1 するアップカウンタです。

※1：第4章では 0.5
秒にしています。

本書の使い方では、パルスとして内蔵クロックを使い、プリスケーラで32分
周して1秒のカウントができるようにしています。この1秒周期[1]でカウンタ
がオーバーフローしてタイムアップします。この1秒周期をラジオICの液晶表
示器の更新周期時間としています。

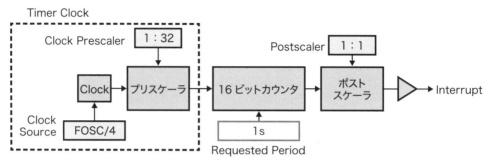

▲図 C.2　タイマ 0 の内部構成（16 ビットモード）

(3) Timer1 の内部構成と動作

Timer1の内部構成は図C.3のようになっています。タイマ本体は16ビット
のカウンタで外部からパルスが入るとカウントアップするアップカウンタです。
またゲート信号がEnableになっていると、ゲートがオンの間だけカウントしま
す。

※ 2：32768 は 2
の 15 乗のカウント値
であるためです。

※ 3：時刻のカウン
トはすべてプログラム
で実行しています。

本書での使い方は、ゲートは使わず、T1CKIピンにリアルタイムクロックか
らの32.768kHzのパルスを入力し、プリスケーラを1:1に設定しているので、
そのままカウンタの入力となります。カウンタにあらかじめ0x8000をセットし
ておくと、ちょうど32768カウント[2]でフルカウントになってInterruptがオ
ンとなって割り込みが発生します。これで1秒ごとに割り込みが発生するよう
になります。この割り込みで時計機能の秒カウント[3]をしています。

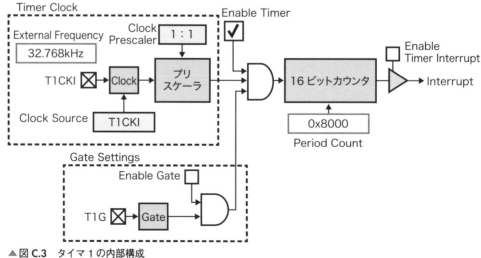

▲図 C.3　タイマ 1 の内部構成

(4) I²C モジュールの内部構成

ラジオ IC と通信するために使っている I²C モジュールの内部構成は**図 C.4** のようになっています。マスタモードと呼ばれるモードで動作し、SCL ピンと SDA ピンに相手となるラジオ IC や液晶表示器が接続されます。

実際の動作では、指定されたクロック周波数（100kHz）で SCL ピンにクロック信号を出力し、そのクロック信号に合わせて PIC から送信する場合には SDA ピンに送信データが出力され、PIC がラジオ IC などから受信する場合には、SDA ピンの信号を取り込んで受信動作を実行します。

このように内蔵モジュールが実際の送受信動作を実行してくれるので、プログラムは送受信するデータを読み書きするだけでよいようになっています。

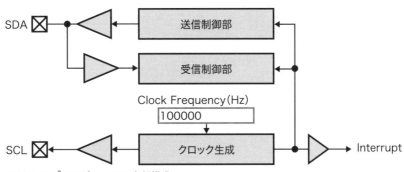

▲図 C.4 I²C モジュールの内部構成

(5) EEPROM メモリ

このメモリは**電源オフでも内容が消えないメモリ**で、バイト単位で読み書きができます。ただし書き込みには、数 msec という時間が必要です。

・EEPROM
　電源が OFF になっても記憶内容が消えることがない不揮発性のフラッシュメモリ。
　データの消去・書き込みが可能。

このEEPROMの内部構成は**図 C.5** のようになっています。最初にアドレスを指定してから読み書きを実行しますが、その際には特殊な手順のアンロックシーケンスが必要となっています。これは電源オンオフ時やプログラム異常時などに、意図しない書き込みが発生するのを避けるためです。

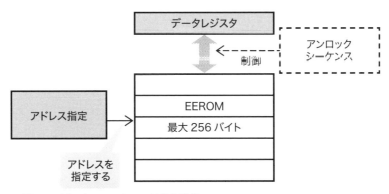

▲図 C.5 データ EEPROM メモリの構成

・MCC

PICマイコンの開発
環境のひとつで、グラ
フィック画面で動作内
容を設定するだけで、
初期化関数や制御関
数を自動生成する。

MCCのインストー
ルの方法、使い方は、
本書では解説していま
せん。
　関連書、ネットでお
調べください。

以上が本書で使っている内蔵モジュールの概要ですが、本書のプログラム開
発には、「MPLAB Code Configurator」（MCC）というプログラムコードの自動
生成ツールを使っていますので、それぞれのモジュールを使う場合には、自動
生成された関数を使ってプログラミングすることになります。これらの関数に
ついては各章の本文を参照してください。

COLUMN　ソフトウェアツールの概要

　本書執筆時点でマイクロチップ社から提供されているプログラムの開発に
必要なソフトウェアツールは、図C.6のようになっています。すべてのマイ
クロチップ社のウェブサイトから無料でダウンロードできます。

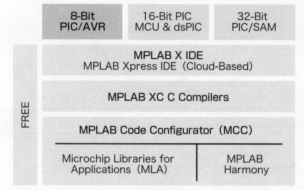

▲図C.6　ソフトウェアツールの種類

　本書では、この表中の「8-Bit PIC/AVR」の範囲が対象で（PIC16F18326
は8ビットのマイコンです）、Windowsベースでプログラミングを行いました。
この図からソフトウェアツールとして必須なのは、MPLAB X IDE と MPLAB
XC C コンパイラです。なお、本書ではさらにコードの自動生成ツールであ
る MPLAB Code Configurator（MCC）を使いました。

参考文献

- "PIC16(L)F18326/18346 Data Sheet", DS40001839A
  （Microchip Technology）

- "Si4831/35-B30 Data Sheet"
  （Silicon Laboratories Inc.）

- "QN8035 Data Sheet"
  （Quintic Corporation）

- "AKC6955 Data Sheet"
  （Q-Technology Co., Ltd. (AKC technology limited)）

- "KT0913 Data Sheet"
  （KTMicro Co., Ltd.）

- "AN555 Si483X-B/Si4820/24 ANTENNA, SCHEMATIC, LAYOUT, AND DESIGN GUIDELINES"
  （Skyworks Solutions, Inc. ）

部品の入手先

　本書で製作に使った部品の主な入手先は下記となっています。

　なお本書に掲載した部品の写真、情報は、本書の執筆・製作時（2024年1月〜3月）のものです。変更・終売になっていることがありますので、各店のwebサイト、HPにて最新の情報をご確認ください。

　また、通信販売での購入方法、営業日、休業日、定休日も、各店のwebサイト、HPでご確認ください。

（株）秋月電子通商

秋葉原店：　　〒101-0021 東京都千代田区外神田1-8-3 野水ビル1F
　　　　　　　TEL：03-3251-1779

　営業日、定休日、休業日、通販での注文・購入方法等に関しまして、下記URLのホームページにてご確認ください。

ホームページ：https://akizukidenshi.com/

【入手可能部品（通販可）】

各種工作キット、工具、液晶表示器、抵抗、コンデンサ、セラミック振動子、PICマイコン、オペアンプIC、PICプログラマ、ACアダプタ、ピンヘッダ、電池ボックス、ブレッドボード、ブレッドボード・ジャンパーワイヤ、micro:bit、Arduino、Raspberry Pi 他

aitendo

　営業日、休業日、通販での注文・購入方法等に関しまして、下記URLのホームページにてご確認ください。

ホームページ：https://www.aitendo.com/

【入手可能部品（通販）】

マイコン、オーディオ、ラジオ、アンプ、液晶表示器、I2C対応製品、LEDドライバ、有機ELモジュール、太陽電池、加速度センサモジュール、各種センサ、モータ関連他

株式会社ストロベリー・リナックス

　営業日、休業日、通販での注文・購入方法等に関しまして、下記URLのホームページにてご確認ください。

ホームページ：https://strawberry-linux.com/

【入手可能部品（通販）】

I2C液晶モジュール、I2C接続商品、PIC関連、有機ELモジュール、ロボット関係、各種センサ、LEDドライバ、計測器 他

索引

数字、欧文

3 端子レギュレータ ……………………………… 45、17
5G ………………………………………………………… 12
AB 級アンプ ………………………………………… 24
AGC ……………………………………………………… 23
AKC6955 …………………………………………… 66、68
AM 放送 ……………………………………………… 13
DIP 化キット ………………………………………… 22
DIP 型 ………………………………………………… 20
DSP ……………………………………………………… 23
DSP6955 ……………………………………………… 66
EEPROM …………………………………………… 45、115
FM 放送 ……………………………………………… 13
FM 補完放送 ………………………………………… 15
HEX ファイル ……………………………………… 111
Hz ……………………………………………………… 11
I^2C ……………………………………………………… 44
ICSP ………………………………………………… 45、47
KT0913 ……………………………………………… 82、84
LNA ……………………………………………………… 23
LTE ……………………………………………………… 12
MPLAB X IPE ……………………………………… 108
PIC16F18326 ……………………… 44、67、82、113
QN8035 ……………………………………………… 44、46
RSSI …………………………………………………… 67
RTC ……………………………………………………… 46
SDR ……………………………………………………… 12
Si4831-B30 ……………………………………… 26、28

ア

アームストロング ………………………………… 11
インダクタンス …………………………………… 18
オームの法則 ……………………………………… 16

カ

可変抵抗器 ………………………………………… 32
仮固定 ………………………………………………… 105
局リストの作成方法 ……………………………… 60
グリエルモ・マルコーニ ………………………… 10
コア ……………………………………………………… 18
コイル ………………………………………………… 18
コンデンサ …………………………………………… 17

コンパイル …………………………………………… 62
コンパイルと書き込みの仕方 ………………… 61

サ

ジャンパ ……………………………………………… 83
ステレオミニジャック …………………………… 32
ソフトウェア無線 ………………………………… 12

タ

炭素皮膜抵抗 ……………………………………… 16
チャッタリング …………………………………… 59
抵抗器 ………………………………………………… 16
電力容量 ……………………………………………… 16
鳥潟右一 ……………………………………………… 11

ハ

バーアンテナ ……………………………………… 18
バーアンテナコイル ……………………………… 34
バイパスコンデンサ ……………………………… 17
バリアブルコンデンサ …………………………… 18
搬送波 ………………………………………………… 14
はんだ吸取線 ……………………………………… 104
はんだづけ ………………………………………… 105
はんだの除去 ……………………………………… 106
ファラド ……………………………………………… 17
フェッセンデン …………………………………… 11
フラックス洗浄剤 ………………………………… 104
プルアップ抵抗 …………………………………… 16
ブレッドボード …………………………………… 19
プログラマ ………………………………………… 62
プログラムの書き込み方 ……………………… 108
ヘルツ ………………………………………………… 11
変換基板 ………………………………… 22、30、104
変調方式 ……………………………………………… 14
ボース ………………………………………………… 11

ヤ、ラ、ワ

ユニバーサル基板 ………………………………… 41
リアクタンス ……………………………………… 17
リアルタイムクロック IC ……………………… 44、46
ルーペ ………………………………………………… 104
ワイド FM …………………………………………… 15

■ 著者略歴

後閑哲也 Tetsuya Gokan

1947 年　愛知県名古屋市で生まれる
1971 年　東北大学工学部応用物理学科卒業
1996 年　ホームページ「電子工作の実験室」を開設
　　　　　子供の頃からの電子工作の趣味の世界と、仕事としているコンピュータの世界を融合
　　　　　した遊びの世界を紹介。
2003 年　有限会社マイクロチップ・デザインラボ設立
　　　　　「改訂新版 電子工作の素」、「改訂新版 8 ピン PIC マイコンの使い方がよくわかる本」、
　　　　　「C 言語による PIC プログラミング大全」他。

　　　　　Email gokan@picfun.com
　　　　　URL http://www.picfun.com/

カバーデザイン　◆　小島トシノブ（NONdesign）
カバーイラスト　◆　大崎吉之
　　本文イラスト　◆　田中斉
本文デザイン・組版　◆　SeaGrape

ディーエスピー
DSP ラジオの製作ガイド
かんたん　　　　　ピック　　　　　　　　　　　つか　　　こうきのう　　　　　　つく　かた
簡単ラジオ& PIC マイコンを使った高機能ラジオの作り方

2024 年 6 月 25 日　初版　第 1 刷発行

著　　者　　後閑 哲也
発行者　　片岡 巌
発行所　　株式会社技術評論社
　　　　　　東京都新宿区市谷左内町 21-13
　　　　　　電話　　03-3513-6150　販売促進部
　　　　　　　　　　03-3267-2270　書籍編集部
印刷／製本　港北メディアサービス株式会社

定価はカバーに表示してあります。

ISBN978-4-297-14186-8　C3054

Printed in Japan

■お願い
　本書に関するご質問については、本書に記
載されている内容に関するもののみとさせて
いただきます。本書の内容と関係のないご質
問につきましては、一切お答えできませんの
で、あらかじめご了承ください。また、電話
でのご質問は受け付けておりませんので、
FAX か書面にて下記までお送りください。
　なお、ご質問の際には、書名と該当ページ、
返信先を明記してくださいますよう、お願い
いたします。

宛先：〒 162-0846
東京都新宿区市谷左内町 21-13
株式会社技術評論社　書籍編集部
「DSP ラジオの製作ガイド」係
FAX：03-3267-2271

　ご質問の際に記載いただいた個人情報は、
質問の返答以外の目的には使用いたしません。
また、質問の返答後は速やかに削除させてい
ただきます。

■ご注意
　本書に掲載した回路図、プログラム、技術
を利用して製作した場合生じた、いかなる直
接的、間接的損害に対しても、弊社、筆者、
編集者、その他製作に関わったすべての個人、
団体、企業は一切の責任を負いません。あら
かじめご了承ください。